Web前端开发1+X证书配套用书

HTML+JavaScript
动态网页制作

董丽红　主编

電子工業出版社
Publishing House of Electronics Industry
北京 • BEIJING

内 容 简 介

本书主要介绍了利用HTML语言和JavaScript脚本语言制作动态网页的方法和技巧。以项目为导向，目标明确，HTML部分重点讲解了的文本排版、图片插入、超链接使用、表格制作、框架和表单的制作、层叠样式表的使用、插入层和多媒体的方法。JavaScript部分重点讲解了JavaScript语法、程序结构、核心对象、制作层特效以及表单与事件的处理。

本书适合作为中高职计算机应用和网站建设与管理专业的教材，也可以作为动态网页制作的教材。

图书在版编目（CIP）数据

HTML+JavaScript动态网页制作 / 董丽红主编. —北京：电子工业出版社，2016.8

ISBN 978-7-121-29767-0

Ⅰ. ①H… Ⅱ. ①董… Ⅲ. ①超文本标记语言－程序设计 ②JAVA语言－程序设计 Ⅳ. ①TP312

中国版本图书馆CIP数据核字（2016）第202659号

策划编辑：关雅莉
责任编辑：周宏敏
印　　刷：北京虎彩文化传播有限公司
装　　订：北京虎彩文化传播有限公司
出版发行：电子工业出版社
　　　　　北京市海淀区万寿路173信箱　邮编　100036
开　　本：787×1 092　1/16　印张：18　字数：461千字
版　　次：2016年8月第1版
印　　次：2021年5月第5次印刷
定　　价：38.00元

凡所购买电子工业出版社图书有缺损问题，请向购买书店调换。若书店售缺，请与本社发行部联系，联系及邮购电话：（010）88254888，88258888。

质量投诉请发邮件至zlts@phei.com.cn，盗版侵权举报请发邮件至dbqq@phei.com.cn。

本书咨询联系方式：（010）88254617。

前　言

随着网络技术的进一步发展，对网站开发技术的要求日益提高，各企事业单位对网站开发的人员需求逐步增加。网站开发技术涉及的内容非常多，有网页的美工设计、网站后台的程序开发、数据库设计以及网站功能和架构的设计等。本书重点介绍了利用 HTML 语言和 JavaScript 语言制作动态网页的方法。本书的编写采用项目教学法，每个项目又分解为若干个任务和相应的知识链接，本教材具有以下特点：

1．准确定位，培养目标明确。以培养网站建设与开发应用型人才为目标，有针对性地规划教材内容。

2．突出操作，体现了以应用为核心，以培养学生的实际动手能力为重点，力求做到学与教并重，科学性与实用性相统一。

3．结构合理，教材从实例出发，采取任务驱动，使学生容易理解，便于掌握。

4．教学适用性强，两大部分内容按项目进行编写，每个项目又分解为若干个任务，每个项目结尾配有相应的上机练习内容，便于教师教学和学生自学。

5．本书配备了教学资源包，包括教学素材、习题结果，电子教案等，为老师备课提供了全方位的服务。

本书教学时数为 116 学时。

HTML 部分

项　　目	学 时 分 配		
	讲授	实训	合计
1	2	2	4
2	2	2	4
3	2	2	4
4	2	2	4
5	4	4	8
6	4	4	8
7	4	4	8
8	2	2	4
9	4	4	8
10	2	2	4
11	2	2	4

JavaScript 部分

项　　目	学 时 分 配		
	讲授	实训	合计
1	4	4	8
2	4	4	8
3	4	4	8
4	4	4	8
5	4	4	8
6	4	4	8
7	4	4	8

本书由董丽红主编，梁爽、刘贵坤参编。HTML 部分的项目一至项目七由董丽红编写，项目八至项目十一以及 JavaScript 部分的项目一、项目二由梁爽编写，JavaScript 部分的项目三至项目七由刘贵坤编写。

由于作者水平所限，书中必有瑕疵之处，敬请读者批评指正。

目　　录

第一部分　HTML 动态网页制作

第二部分　JavaScript 动态网页制作

第 一 部 分

HTML 动态网页制作

项目一

HTML 简介

项目目标

- 了解什么是网页。
- 了解网页的开发工具。
- 了解 HTML、XML 和 XHTML 语言。
- 掌握编写一个简单网页的方法。

项目描述

通过编写一个简单的 HTML 页面，让学生掌握网页的开发工具。

任务 1　编写一个简单的页面

【任务目标】

（1）了解什么是网页。
（2）掌握什么是 HTML 语言。
（3）掌握编写一个简单网页的方法。

【任务描述】

用 HTML 语言编写一个页面，在网页上显示“欢迎进入 HTML 世界！”。

【操作步骤】

（1）打开网页编写环境。
启动 DreamWeaver，切换到“代码”窗口，如图 1-1 所示。
（2）编写代码。
将光标定位在<body>和</body>之间，输入文字：
欢迎进入 HTML 世界！

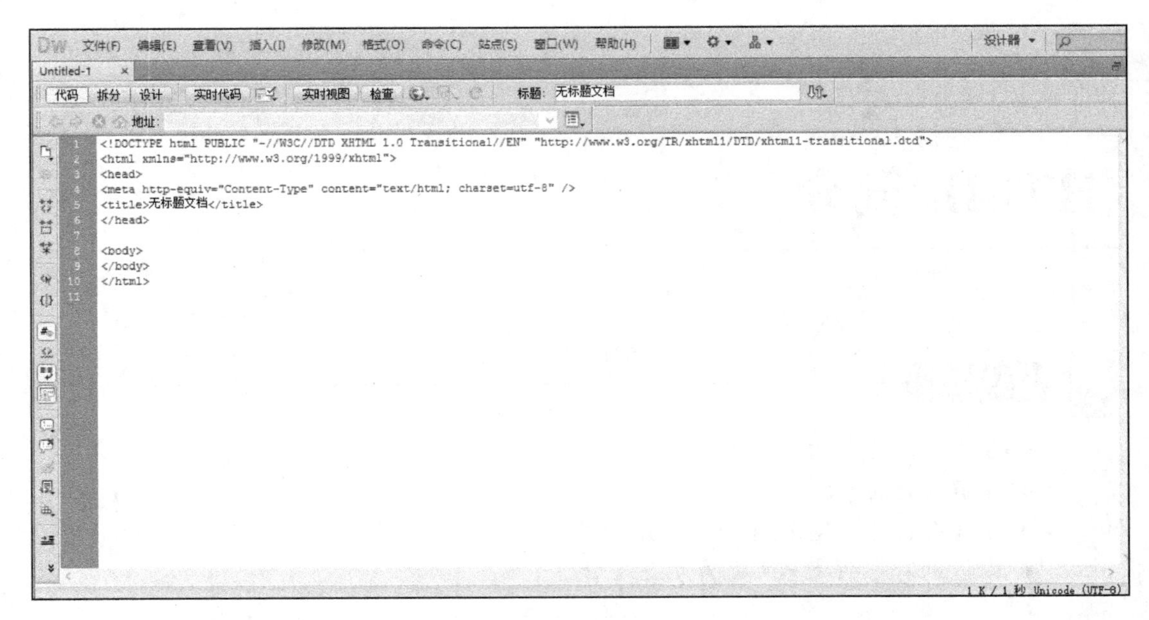

图 1-1

（3）保存文件。

文件→保存，文件名为 1-1.html。

（4）运行文件。

在 DW 环境下按 F12 键对网页进行浏览，如图 1-2 所示。

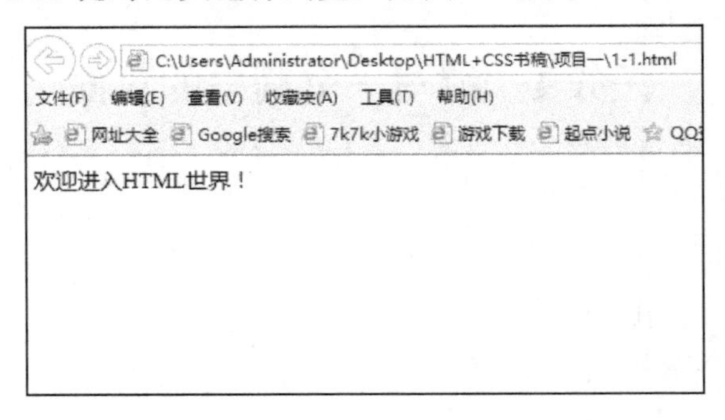

图 1-2

【知识链接】

1. 什么是网页

网页其实就是这个世界某一个地方的某一台计算机上的一个文件，通过互联网（也就是 Internet）将两个不同的地址相连，把人们的信息传达到网络世界的各个角落。人们通过互联网，可以在世界的任何一个地方相互沟通。

2. 什么是 HTML

HTML 即超文本标记语言，用于创建可以通过 Web 访问的文档。HTML 文档是采用

HTML 标记和元素创建的。此类文件保存在 Web 服务器上，扩展名为.htm 或.html。

HTML 可用于：

（1）控制页面和内容的外观。

（2）编写联机文档以及使用插入在 HTML 文档中的链接来检索联机信息。

（3）创建联机表单，这些表单可用于收集有关用户的信息、进行交易等，如图 1-3 所示。

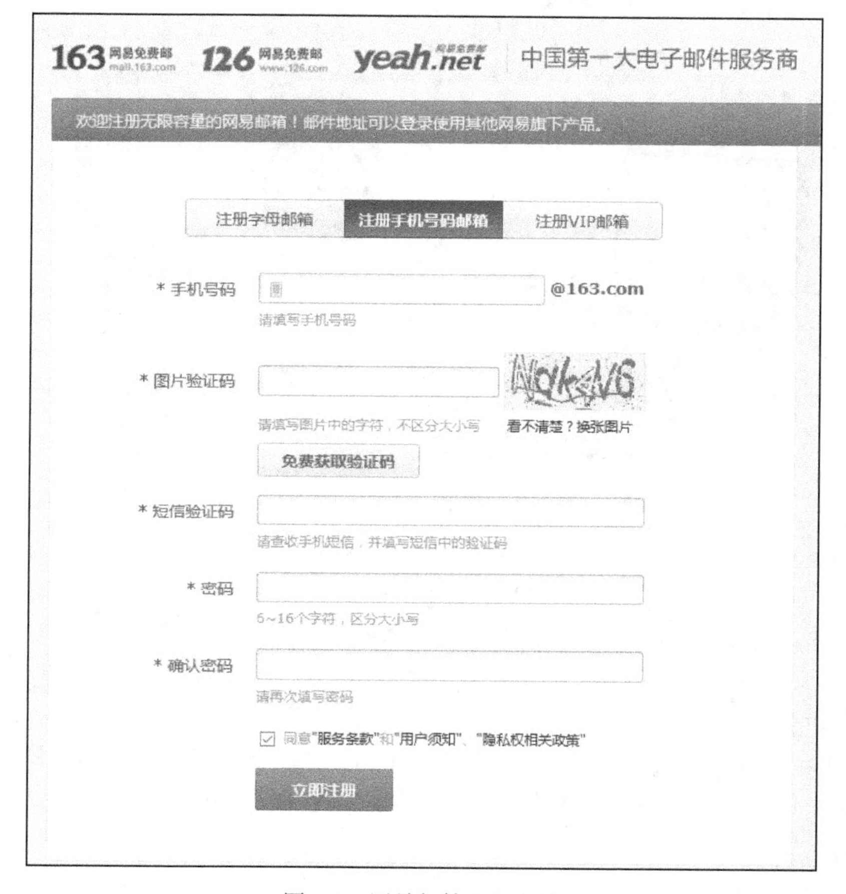

图 1-3　网易邮箱注册表单

（4）插入对象。可以在 HTML 文档中插入各种对象，如音频、视频和动画。

3．HTTP 工作原理

客户端发出网页请求，服务器收到后进行处理，并将处理结果返回到客户端显示。如图 1-4 所示。

4．开发网页的工具

HTML 语言作为一种语义派生出来的语言，最常见的有 3 种开发工具，分别是记事本、DreamWeaver 和 Frontpage。

（1）记事本。

记事本是 Windows 系统自带的简单的文本编辑软件，但由于大部分代码都是纯文本的，所以记事本可以编写任何网页。不过对于稍大型的网页需要编辑大量代码时，记事本就显得不那么适合了，但对于初学者来说，记事本是较好的练习工具。

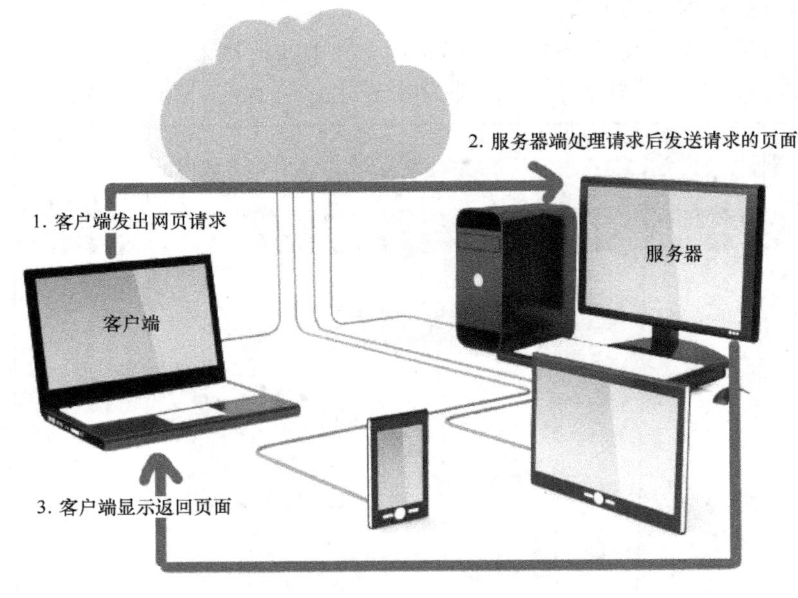

图 1-4

（2）DreamWeaver。

DreamWeaver 是一种专业的 HTML 编辑器，用于设计、编码、开发网站以及大型的 Web 应用程序。DreamWeaver 具有手动编码 HTML 和可视化编辑环境。DreamWeaver 提供了许多有用的工具，来增强我们的 Web 创建经验，通过它可轻松快捷地创建网页和网站。

（3）Frontpage。

Frontpage 是微软公司发布的一款入门级网页制作工具，是微软 Office 组件的一部分。可用于创建、设计和编辑网页，可以将文本、图像、表格和其他 HTML 元素添加到网页，还可以创建表单。

5. 可扩展标记语言 XML

可扩展标记语言是标准通用标记语言的子集，是一种用于标记电子文件使其具有结构性的标记语言。1998 年 2 月，W3C 正式批准了可扩展标记语言的标准定义，可扩展标记语言可以对文档和数据进行结构化处理，从而能够在部门、客户和供应商之间进行交换，实现动态内容生成、企业集成和应用开发。可扩展标记语言可以使我们能够更准确地搜索，更方便地传送软件组件，更好地描述一些事物，例如电子商务交易等。

6. 可扩展超文本标记语言 XHTML

XTHML 是 2000 年 W3C 公布发行的，它不需要编译即可直接由浏览器执行，是一种增强了的 HTML。它的可扩展性和灵活性将适应未来网络应用的更多需求，是基于 XML 的应用。可以说 XHTML 是 HTML 的一个升级版本，它们之间的区别很小，有时在使用上很难分清它们之间的界线。

项目二

动手写我们的第一个网页

- 了解 HTML 语言的使用方法和注意事项。
- 通过记事本来查看网页的源码。
- 理解 HTML 页面的基本结构和 6 个头标签。
- 通过记事本书写一个简单的 HTML 页面。

通过编写一个简单的 HTML 页面，让学生掌握如何动手编写第一个 HTML 静态页面。

任务 1　用记事本打开一个页面

【任务目标】

（1）了解 HTML 的文件扩展名。
（2）掌握用记事本打开一个 HTML 的方法。

【任务描述】

案例 1：用记事本打开一个 HTML 页面。

【操作步骤】

（1）选中所要查看的网页，右键单击【查看方式】→【记事本】即可，参见图 2-1。
（2）此时可看到网页中的源码，如图 2-2 所示。
（3）运行程序，浏览该页面，如图 2-3 所示，这是一个静态页面。

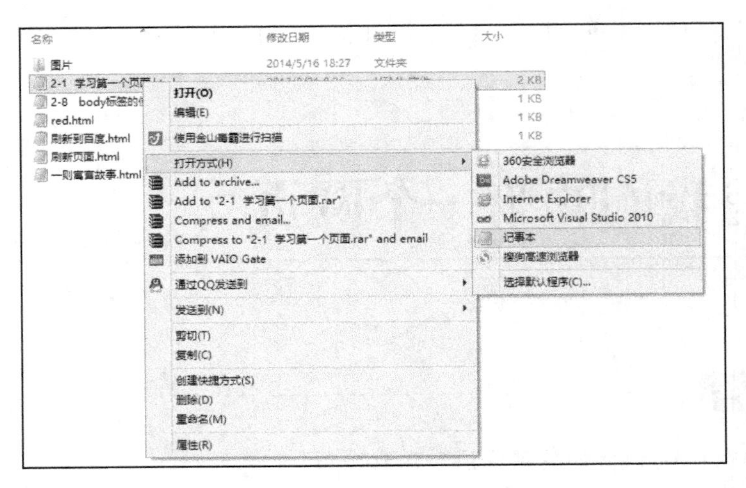

图 2-1

文件(F) 编辑(E) 格式(O) 查看(V) 帮助(H)

```
    <title>请在网页上写点儿什么？</title>
  <style type="text/css">
  <!--
    body {
    background-image:url(图片/MIL.JPG);
    background-repeat: no-repeat;
   }
  #Layer1 {
        position:absolute;
        left:247px;
        top:395px;
        width:165px;
        height:89px;
        z-index:1;
        }
  .style1 {
       font-size: 24px;
       font-weight: bold;
       color: #FFFFFF;
       }
  #Layer2 {
       position:absolute;
       left:408px;
       top:58px;
       width:190px;
       height:170px;
       z-index:2;
      }
  -->
  </style>
</head>
<body>
<div class="style1" id="Layer1">
<form id="form1" name="form1" method="post" action="">
<label>
<span class="style1">写点什么吧
</span>
<textarea name="textarea" rows="3"></textarea>
</label>
```

图 2-2

图 2-3

任务 2　HTML 文档的基本结构和语法规则

【任务目标】

（1）掌握 HTML 文档的基本结构。

（2）了解 HTML 语言语法的几条基本规则。

【任务描述】

案例 2：建立一个 HTML 页面，要求页面上显示内容“大家好，我是高中 116 班 XXX，这是我的第一个制作的页面”。

【操作步骤】

（1）用记事本将 HTML 页面打开，输入以下代码。

```
<html>
<head>
<title>
        这是我的第一个页面
</title>
</head>
<body>
        大家好，我是高中 116 班 xxx，这是我的第一个制作的页面
</body>
</html>
```

（2）保存文档为案例 2.html。

（3）运行文件。

在记事本环境下，对网页进浏览，如图 2-4 所示。

图 2-4

【知识链接】

1．HTML 文档的基本结构

（1）网页中的标签。

HTML 文档的结构就像人的身体一样，有头<head>标签，有身体<body>标签，还有总体<html>标签，如图 2-5 所示。

网页：人体的半身像<html>

人：头部<head>

身体：<body>

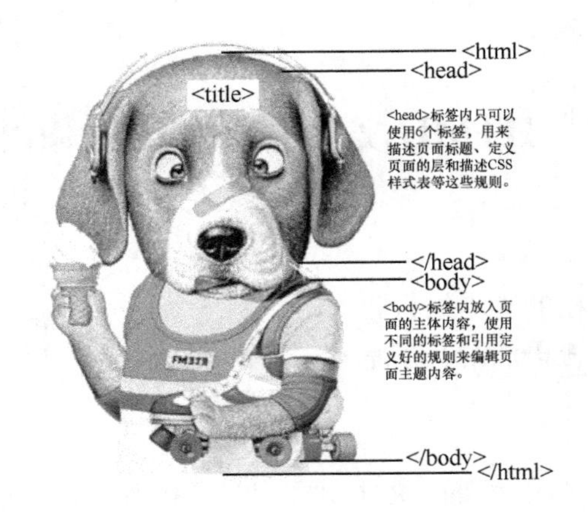

图 2-5

（2）网页文档的基本结构。

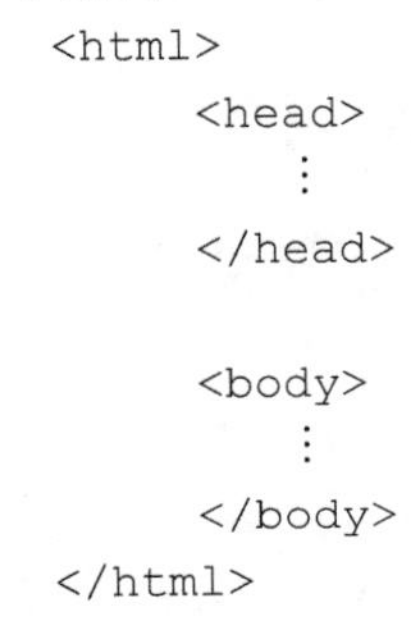

```
<html>
    <head>
      ⋮
    </head>

    <body>
      ⋮
    </body>
</html>
```

2. HTML 语言语法的几条基本规则

（1）有头有尾，首尾相接：标签由开始标签起头，一定要有对应的结束标签来收尾。

（2）妈妈的怀抱：对同一文本使用多个标签时必须按照嵌套的原则，即一个标签必须是嵌套在另一个标签内使用。

下面是几种错误的HTML语言规则，请大家理解并记住。

第一种错误：

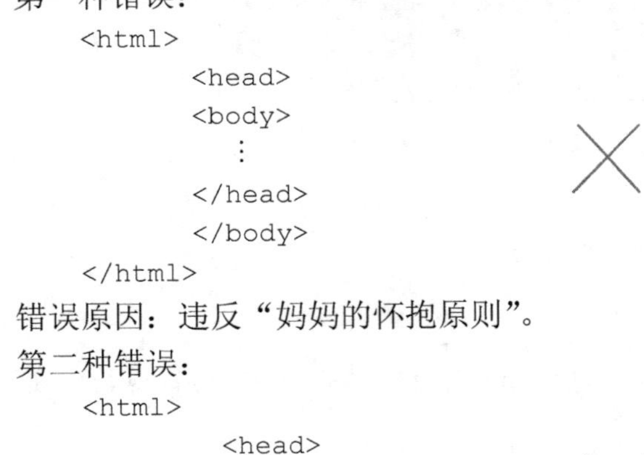

```
<html>
       <head>
       <body>
         ⋮
       </head>
       </body>
</html>
```

错误原因：违反“妈妈的怀抱原则”。

第二种错误：

```
<html>
         <head>
         </head>
         <body>
         </body>
```

错误原因：违反“有头有尾原则”。

第三种（是正确的）：

```
<html>
        <head>
        </head>
        <body>
        </body>
</html>
```

正确原因：既满足“妈妈的怀抱原则”又满足“有头有尾原则”。

任务 3 HTML 语言基本标签的作用及头标签对象

【任务目标】

（1）了解 HTML 语言基本标签的作用。

（2）掌握 HTML 语言中头标签的作用和使用方法。

【任务描述】

案例 3：请将案例 1 添加一个标题，标题的名字自取。

案例 4：请写出一个完整的 html 页面。

（1）要求 4 秒之后跳转到本地的另一个页面 red.html <meta>。

（2）主页上面显示的内容为“4 秒后跳转红色页面”<body>。

（3）网页的标题为“跳转页面”<title>。

案例 5：使用<body>标签制作一个小故事。

【操作步骤】

案例 3

（1）打开案例 1，启动 DreamWeaver，切换到“代码”窗口。

（2）编写代码。

```
<html>
          <head>
              <title>
                   这是我的第一个页面
              </title>
          </head>

        <body>
            大家好，我是高中 116 班 XXX，这是我的第一个制作的页面
        </body>
</html>
```

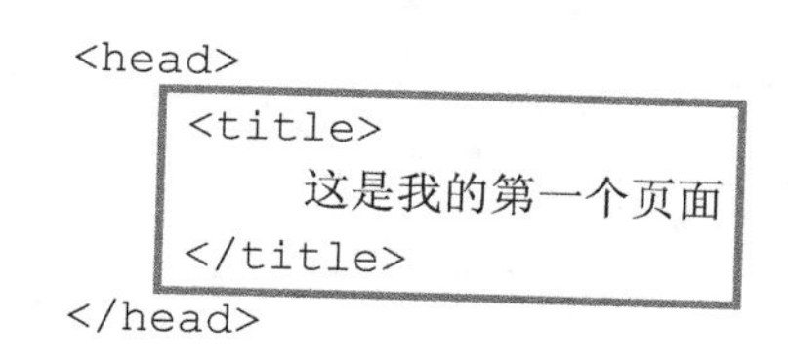

（3）保存文件。

文件→保存，文件名为案例 3.html。

（4）运行文件。

在 DW 环境下按 F12 键对网页进浏览，如图 2-6 所示。

图 2-6

案例 4

（1）打开案例 1，启动 DreamWeaver，切换到“代码”窗口。

（2）首先需要先写一个 red 页面，名字叫 red.htm，代码如下。

```
<html>
  <head>
      <title>红色</title>
  </head>
  <body bgcolor=red>
  </body>
</html>
```

其中，bgcolor=red 代表整个页面背景色为红色。

（3）完成“刷新页面”，代码如下。

```
<html>
  <head>
      <meta http-equiv="refresh" content="4;url=red.html">
  </head>
  <body>4 秒后自动跳转
  </body>
</html>
```

其中，

http-equiv="refresh"代表刷新页面。

content="4;url=red.htm"代表 4 秒刷新到 red.html 页面中。

（4）完成效果如图 2-7 和图 2-8 所示。

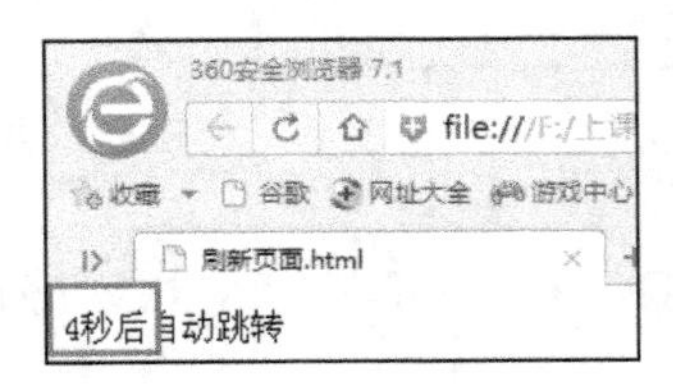

图 2-7

图 2-8

案例 5

（1）打开案例 1，启动 DreamWeaver，切换到“代码”窗口。

（2）代码如下。

```
<html>
   <head>
    <title>body 标签的使用</title>
   </head>

   <body>
       一天，3 名工程师一同驾车去旅游。半路上车子坏了，抛锚了。机械工程师说：“可能
       是引擎坏了吧。”电子工程师说：“我看可能是电路板短路了。”电脑工程师说：“嗨，
       废那事干嘛，直接重启不就完了。”
   </body>
</html>
```

（3）完成效果如图 2-9 所示。

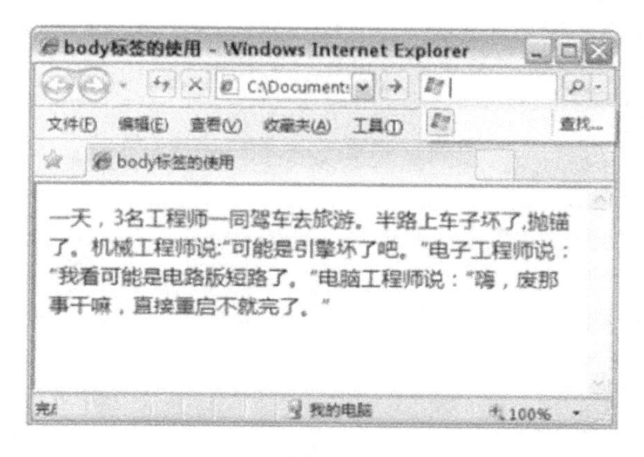

图 2-9

【知识链接】

1．HTML 语言基本标签的作用

一个完整的页面通常必须具备以下 5 个标签：

- 样本代码：用来声明代码的版本。
- 开始标签<html>：定义页面从哪里开始到哪里结束。
- 头标签和头标签的对象<head>：有 6 个特殊的标签可以放在头标签中使用。
- 标题标签<title>：设置网页的标题名。
- 文体标签<body>：用来表现网页的主体内容。

设置页面标题标签<title>。

【基本语法结构】

此处使用<title>标签为网页命名

```
<html>
        <head>
                <title>请在此输入标题名</title>
        </head>

        <body>
           ⋮
        </body>
</html>
```

2．页面的脑袋——头标签和头标签的对象

只有以下 6 个标签能放在<head>标签内：

<title>、<meta>、<link>、<base>、<style>和<script>标签

设计者使用这些标签，定义出不同的“颜色”来描绘页面。

<meta>标签

<meta>标签是 HTML 文档<head>标签内的一个辅助性标签。

它有两个重要的属性：一般作用于后台，这两个属性是 Name 和 http-equiv 属性，用于能够优化页面被搜索的可能。

（1）http-equiv 属性：常用于刷新页面

格式：

```
<meta http-equiv=“…” content=“…”>
```

作用：常用特殊的属性，例如网页跳转效果。

例如：

```
<meta http-equiv=“refresh”    content=“6,url=http://www.baidu.com/>
</meta>
```

注意：refresh：刷新页面

6：6 秒刷新

url：网页地址

（2）http-equiv 属性：常用于字符码的识别。

格式：

```
<meta http-equiv= "…" content= "…" >
```

例如：

```
<meta http-equiv= "content-type" content= "text/html" charset= "gb2312" />
```

其中，

gb2312：国际汉字码

注意：

代码注释：

① 在 HTML 语言中，<!--　　　　-->是对代码的注释。

② 所谓注释就是中间的代码不起任何作用。

③ 被注释的代码会变成灰色。

（3）name 属性：

格式：

```
<meta name= "…" content= "…" >
```

例如：

```
<meta name = "keywords" content= "中职类院校">
⋮
<meta name = "generator" content = "李四">
```

其中，

keywords：向搜索引擎描述页面的关键字。

description：向搜索引擎描述页面的主要内容。

author：作者。

generator：向页面描述生成的软件名。

搜索引擎的工作原理如图 2-10 所示，通过搜索关键字或描述来提取信息。

图 2-10

3．页面的身体——体标签<body>

如果说<html>标签定义了网页的开始和结束，那么<body>标签则定义了网页主体内容的开始和结束。网页主体内容是指页面浏览者能够在浏览器中看到的网页中的内容。

上 机 练 习

上机案例 1：制作“一则寓言页面”，效果图如图 2-11 所示。

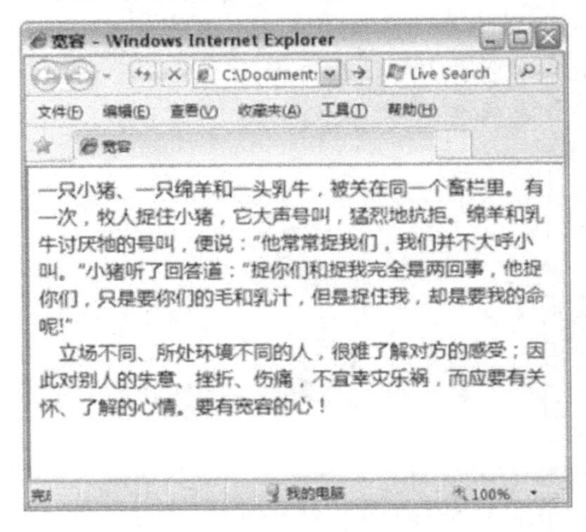

图 2-11

（1）题目要求。

用 HTML 语言写一则语言小故事，请将“一则寓言故事.html”页面添加进<meta>标签，有利于搜索引擎快速搜索。

格式：

```
<meta name= "…" content= "…" >
```

- 页面关键字（keywords）：寓言故事，宽容的心。
- 页面描述（description）：整个页面为一则寓言小故事，主要通过讲述一只小猪、一只绵羊和一头乳牛，被关在同一个畜栏里的故事。告诉我们立场不同、所处环境不同的人，很难了解对方的感受，因此对别人的失意、挫折、伤痛，不宜幸灾乐祸，而应要有关怀、了解的心情。要有宽容的心！
- 页面工具（generator）：记事本。
- 页面作者（author）：XXX。

（2）代码如下。

```
<html>
  <head>
     <title>宽容</title>
        <meta name="keywords" content="寓言故事，宽容的心">
        <meta name="description" content="整个页面为一则寓言小故事，主要通
```

```
        过讲述一只小猪、一只绵羊和一头乳牛，被关在同一个畜栏里的故事。告诉我们立
        场不同、所处环境不同的人，很难了解对方的感受，因此对别人的失意、挫折、伤
        痛，不宜幸灾乐祸，而应要有关怀、了解的心情。要有宽容的心！">
        <meta name="generator" content="记事本">
        <meta name="author" content="XXX">
    </head>

    <body>
    一只小猪、一只绵羊和一头乳牛，被关在同一个畜栏里。有一次，牧人捉住小猪，它大声
    号叫，猛烈地抗拒。绵羊和乳牛讨厌它的号叫，便说："他常常捉我们，我们并不大呼小叫。"
    小猪听了回答道："捉你们和捉我完全是两回事，他捉你们，只是要你们的毛和乳汁，但是
    捉住我，却是要我的命呢！"立场不同、所处环境不同的人，很难了解对方的感受，因此对
    别人的失意、挫折、伤痛，不宜幸灾乐祸，而应要有关怀、了解的心情。要有宽容的心！
    </body>
</html>
```

上机案例 2：制作"屈原诗一首"，效果图如图 2-12 所示。

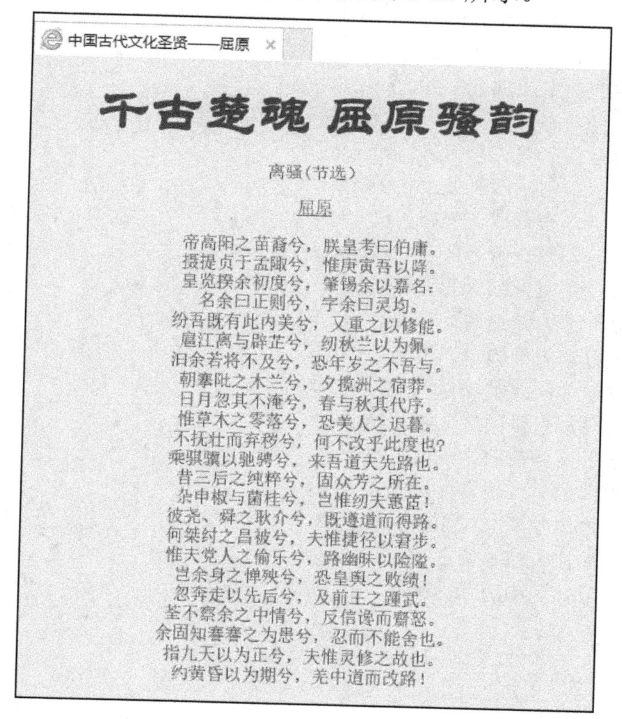

图 2-12

【操作步骤】

（1）打开编辑环境。

启动 DreamWeaver，切换到"代码"窗口。

（2）编写代码。

```
<html>
```

```
<head>
<title>中国古代文化圣贤——屈原</title>
<base href="http://baike.baidu.com/view/1646.htm" target="_self">
<basefont face="宋体"  size=3 >
</head>
<body text="#AE0000" bgcolor="#E7E7CD" topmargin=30 leftmargin=80
rightmargin=80 bottomanargin=30>
<center><font face=华文隶书  size=8><b>千古楚魂  屈原骚韵</b></font>
<p>离骚（节选）
<p>
<A href="inedx">屈原</A>
<p>帝高阳之苗裔兮，朕皇考曰伯庸。<br>
摄提贞于孟陬兮，惟庚寅吾以降。<br>
皇览揆余初度兮，肇锡余以嘉名：<br>
名余曰正则兮，字余曰灵均。<br>
纷吾既有此内美兮，又重之以修能。<br>
扈江离与辟芷兮，纫秋兰以为佩。<br>
汨余若将不及兮，恐年岁之不吾与。<br>
朝搴阰之木兰兮，夕揽洲之宿莽。<br>
日月忽其不淹兮，春与秋其代序。<br>
惟草木之零落兮，恐美人之迟暮。<br>
不抚壮而弃秽兮，何不改乎此度也?<br>
乘骐骥以驰骋兮，来吾道夫先路也。<br>
昔三后之纯粹兮，固众芳之所在。<br>
杂申椒与菌桂兮，岂惟纫夫蕙茝！<br>
彼尧、舜之耿介兮，既遵道而得路。<br>
何桀纣之昌被兮，夫惟捷径以窘步。<br>
惟夫党人之偷乐兮，路幽昧以险隘。<br>
岂余身之惮殃兮，恐皇舆之败绩！<br>
忽奔走以先后兮，及前王之踵武。<br>
荃不察余之中情兮，反信谗而齌怒。<br>
余固知謇謇之为患兮，忍而不能舍也。<br>
指九天以为正兮，夫惟灵修之故也。<br>
约黄昏以为期兮，羌中道而改路！
</center>
</body>
</html>
```

项目三

网页中的文本和文本的排版样式

项目目标

- 了解文本的排版格式。
- 文本的排版格式（换行，换段）。
- 空格及其特殊符号（@，版权商标等）。
- 文本的对齐方式（左对齐，居中对齐，右对齐）。
- 文本的属性样式（粗体，斜体，下画线等）。

项目描述

通过编写一个简单的 HTML 页面，让学生学习用代码编写网页中的文本和文本的排版样式。

任务 1　文本的排版格式

【任务目标】

（1）掌握使用<p>标签进行排版的方法。
（2）掌握使用
标签进行排版的方法。
（3）掌握在文本中插入空格的方法。
（4）掌握在文本中注册标签、版权标签等特殊符号的方法。

【任务描述】

案例 1：用 HTML 语言编写《登鹳雀楼》诗词页面，使用<p>标签进行换行排版。
案例 2：用 HTML 语言编写《登鹳雀楼》诗词页面，使用
标签进行换行排版。
案例 3：用 HTML 语言编写一个简单的网页，要求输入空格和显示效果。

【操作步骤】

案例 1

（1）打开网页编写环境。

启动 DreamWeaver，切换到“代码”窗口。

（2）编写代码。

```
<html>
  <head>
     <title>使用 p 标签进行换行
     </title>
  </head>
  <body>
    登鹳雀楼<p>
  白日依山尽<p>
  黄河入海流<p>
  欲穷千里目<p>
  更上一层楼
  </body>
</html>
```

（3）保存文件。

文件→保存，文件名为案例 1.html。

（4）运行文件。

在 DW 环境下按 F12 键对网页进行浏览，如图 3-1 所示。

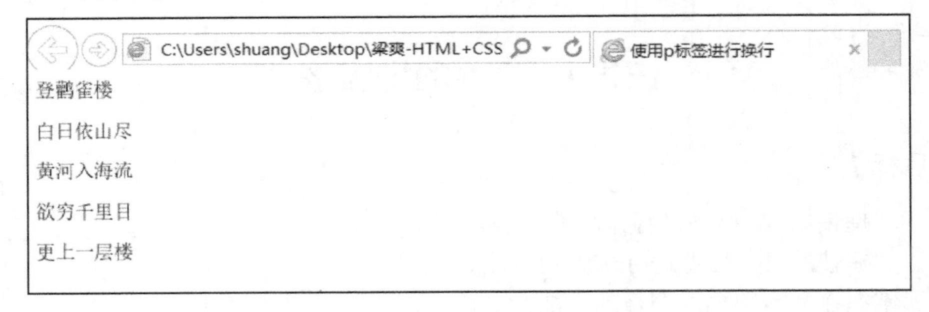

图 3-1

案例 2

（1）打开网页编写环境。

启动 DreamWeaver，切换到“代码”窗口。

（2）编写代码。

```
<html>
  <head>
     <title>使用 br 标签进行换行
```

```
    </title>
  </head>
  <body>
    登鹳雀楼<br>
  白日依山尽<br>
  黄河入海流<br>
  欲穷千里目<br>
  更上一层楼
  </body>
</html>
```

（3）保存文件。

文件→保存，文件名为案例 2.html。

（4）运行文件。

在 DW 环境下按 F12 键对网页进行浏览，如图 3-2 所示。

图 3-2

案例 3

（1）打开网页编写环境。

启动 DreamWeaver，切换到“代码”窗口。

（2）编写代码。

```
<html>
 <head>
 <title>使用空格符号</title>
 </head>
 <body>
 <p><font size="+3">空格 123 符号</font></p>
 <p><font size="+3">空格    符号</p>
 <p><font size="+3">空格   符号</p>
 </body>
</html>
```

（3）保存文件。

文件→保存，文件名为案例 2.html。

（4）运行文件。

在 DW 环境下按 F12 键对网页进行浏览，如图 3-3 所示。

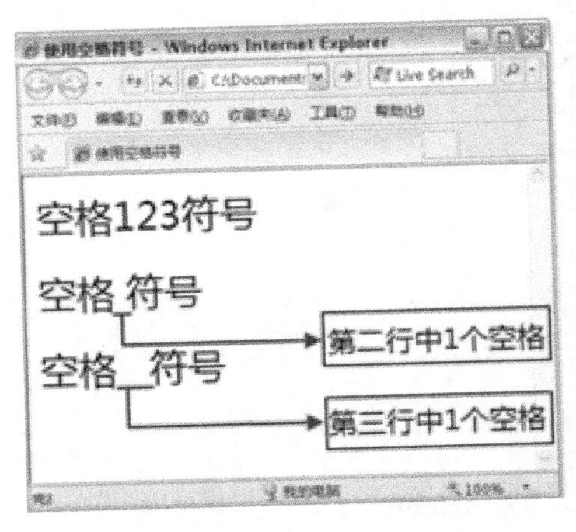

图 3-3

【知识链接】

1. 排版格式

在 HTML 文档中，需要使用不同的标签来设计文本排版。试想，如果在一份报纸中字体大小不一、标题位置混乱，人们怎么能够忍受？

- 一般网页每行字数：35 字。
- 两个标签控制网页文本的排版：<p>标签和
标签。

<p>…</p>标签：定义<p>…</p>内的文本是一个段落；

…</br>标签：定义的是
和</br>的 0 倍行距的换行。

两个标签的区别：

<p>：定义的文本是一个段落。

✧ 换段

✧ 单倍行距

：定义的文本是另起一行。

✧ 换行

✧ 0 倍行距

标签习惯写于需要换行的文本末尾。

2. 在页面文本中插入特殊符号

（1）在网页中插入空格。

在正规格式的文本中每一段落的开头会空两格，而在 HTML 源文档中，连续输入的空格键会被默认为只有一个空格，所以这时就需要在文本中使用特殊的空格符号。空格符号的写法是：

使用时在文本需要键入空格的地方输入“ ”就可以了，如图 3-3 所示，在同一句文本中分别放入不同长度的空格数，以此来观察其间的区别。

（2）网页中插入特殊符号。

格式：&...;

注册商标符号“®”

版权商标符号“©”

任务 2　文本的段落对齐方式

【任务目标】

（1）掌握网页中文本的各种对齐方式。

（2）掌握网页中文本的各种属性样式。

【任务描述】

案例 4：用 HTML 语言编写一个页面，要求完成文本的左对齐、居中对齐和右对齐。

案例 5：用 HTML 语言编写页面，要求完成文本的粗体、斜体和下画线等属性样式。

【操作步骤】

案例 4

（1）打开案例 4。

启动 DreamWeaver，切换到“代码”窗口。

（2）编写代码。

```
<html>
<head>
<title>如何使文本换行</title>
</head>
<body>
<p>文本左对齐
<p align=left>文本左对齐
<p align=center>文本居中对齐
<p align=right>文本右对齐
</body>
</html>
```

（3）保存文档为案例 4.html。

（4）运行文件。

在 DW 环境下按 F12 键对网页进行浏览，如图 3-4 所示。

案例 5

（1）打开案例 5。

启动 DreamWeaver，切换到“代码”窗口。

文本左对齐

文本左对齐

文本居中对齐

文本右对齐

图 3-4

（2）编写代码。

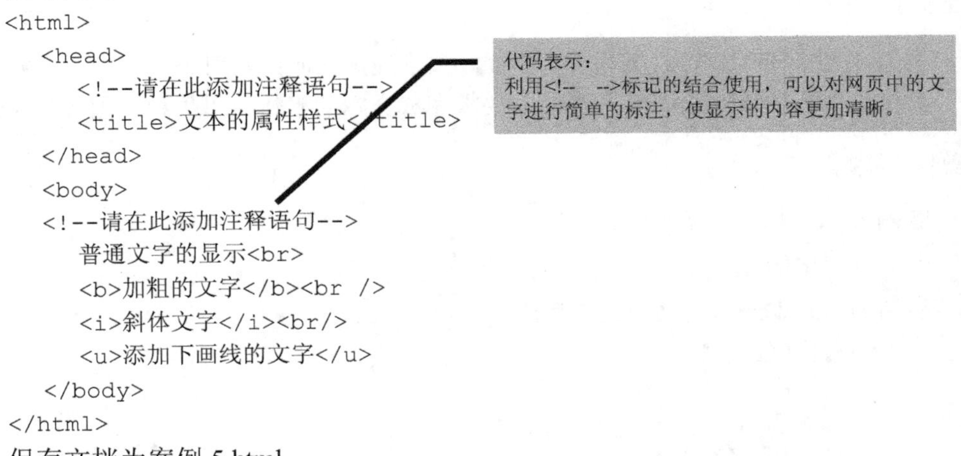


```
<html>
    <head>
        <!--请在此添加注释语句-->
        <title>文本的属性样式</title>
    </head>
    <body>
    <!--请在此添加注释语句-->
        普通文字的显示<br>
        <b>加粗的文字</b><br />
        <i>斜体文字</i><br/>
        <u>添加下画线的文字</u>
    </body>
</html>
```

（3）保存文档为案例 5.html。

（4）运行文件。

在 DW 环境下按 F12 键对网页进行浏览，如图 3-5 所示。

图 3-5

【知识链接】

1. 各种对齐方式

在 HTML 文档中，文本的对齐是通过<align>标签来实现的，通常把 align 放在<p>标签内使用。

```
<p align=left>…</p>          <! --左对齐 -->
<p align=center>…</p>        <! --居中对齐 -->
<p align=right>…</p>         <! --右对齐 -->
```

对齐方式如图 3-6 所示。

蜀相

丞相祠堂何处寻，锦官城外柏森森。

映阶碧草自春色，隔叶黄鹂空好音。

三顾频烦天下计，两朝开济老臣心。

出师未捷身先死，长使英雄泪满襟。

图 3-6

还有一种写法：

```
<p style="text-align:right">…</p>
<p style="text-align:left">…</p>
<p style="text-align:center">…</p>
```

2．文本的属性样式

标签：

- <strong>代表强调文本内容，通常为“粗体”。
- <em>代表“斜体”。
- <u>代表“下画线”。

3．给文本加标注

- 在纸质图书中，如果某段文章的某个名词需要添加注释，只能在那段文字右上角添加标注符号，然后在页脚的位置给出解释。而在网页中，设计者可以使用很多奇特的标签，做到一些纸质书本无法达到的效果。如设计者希望对某个名词或某段文字添加注释，就可以使用<acronym>标签。
- <acronym>标签使用形式如下：

  ```
  <acronym title="…">…<acronym>
  ```

任务 3　制作网页中的水平线

【任务目标】

（1）掌握网页中水平线<hr>标签的使用方法。

（2）掌握<hr>标签的各个属性。

【任务描述】

案例 6：用 HTML 语言编写一个页面，要求插入并且设置水平线。

【操作步骤】

（1）打开案例 4。

启动 DreamWeaver，切换到“代码”窗口。

（2）编写代码。

```
<html>
<head>
  <title>设置水平线</title>
</head>
<body>
    <center>添加水平线后的效果</center>
    <hr width="100%" size="1" color="#00ffee">
2007 年 1 月 16 日，电子工业出版社博文视点公司召开了“博文视点三周年庆典暨颁奖晚会”。
刚刚过去的 2006 年对博文视点的发展来说是意义非凡的一年，在市场不断变化，道路并不平
坦的一年中，博文视点能够稳住军心，坚持自己的出版方向，逐渐成为 IT 出版界的旗舰级机
构。
<hr width="400" size="3" noshade="" color="#00ee99" align="left">
版权&copy;:电子工业出版社
</body>
</html>
```

（3）保存文档为案例 6.html。

（4）运行文件。

在 DW 环境下按 F12 键对网页进行浏览，如图 3-7 所示。

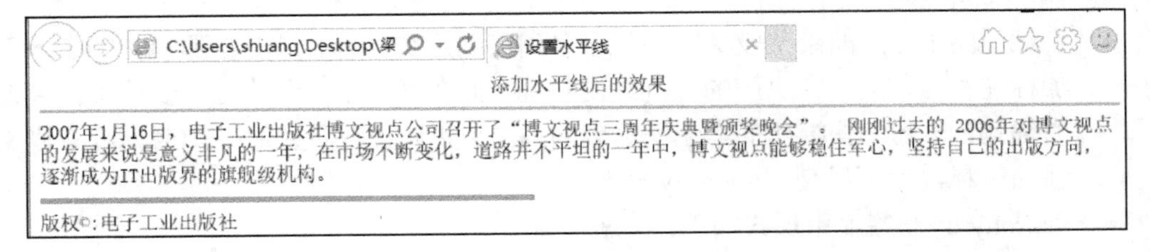

图 3-7

【知识链接】

水平线<hr>

在浏览网页时，通常会看到网页中有一条水平的直线，这条直线在网页中被称为“水平线”，可以对水平线的相关属性进行设置。

例如：

（1）width="100%" size="2"　代表水平线宽度 100%，高度 2 像素。

（2）noshade="noshade"　水平线。

（3）color="red"　代表水平线颜色为红色。

（4）align="left/right/center"　代表水平线对齐方式为左对齐/右对齐/居中对齐。

属　　性	说　　明
width	设置水平线宽度，可以是像素，也可以是百分比
size	设置水平线高度
noshade	设置水平线无阴影
color	设置水平线颜色
align	设置水平线居中对齐

上 机 练 习

上机案例 1：制作“宋词欣赏”，如图 3-8 所示。

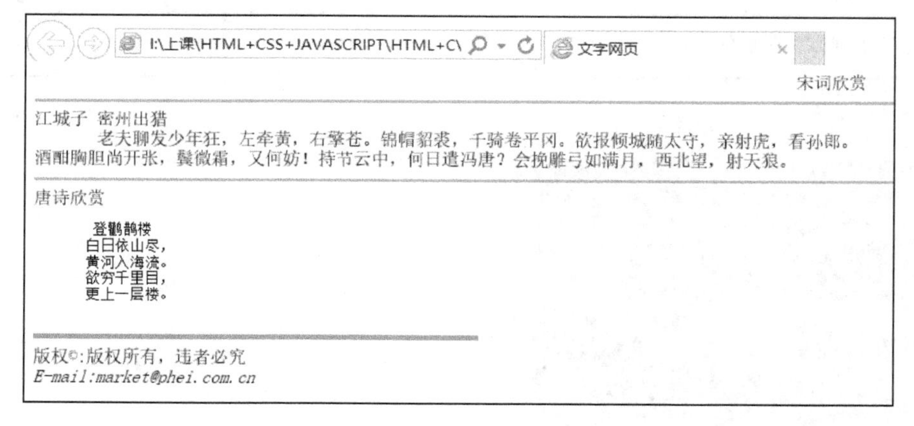

图 3-8

【操作步骤】

（1）题目要求。

按照图 3-8 来完成网页的制作。

（2）代码如下。

```
<html>
<head>
  <title>文字网页</title>
</head>
<body>
    <center>宋词欣赏</center>
    <hr width="100%" size="1" color="#00ffee">
    江城子 密州出猎<br>
       老夫聊发少年狂，左牵黄，右擎苍。锦帽貂裘，千骑卷平
冈。欲报倾城随太守，亲射虎，看孙郎。<br>酒酣胸胆尚开张，鬓微霜，又何妨！持节云中，
何日遣冯唐？会挽雕弓如满月，西北望，射天狼。
```

```
<hr width="100%" size="1" color="#00ffee">
唐诗欣赏
<pre>
        登鹳鹊楼
       白日依山尽，
       黄河入海流。
       欲穷千里目，
       更上一层楼。
     </pre>
<hr width="400" size="3" color="#00ee99" align="left">
版权&copy;:版权所有，违者必究
<address>E-mail:market@phei.com.cn</address>
</body>
</html>
```

上机案例 2：制作国美之路作品展，如图 3-9 所示。

图 3-9

【操作步骤】

（1）题目要求。

运用本章所学知识，包括：

标签

<p>标签

<strong>代表强调文本内容，通常为“粗体”

<em>代表“斜体”

<u>代表“下画线”

<p align=left>…</p>

<p align=center>…</p>
<p align=right>…</p>
⋮
等标签来完成国美之路作品展的页面。
（2）代码如下。

```
<body>
<h2><strong>国美之路&#8226;林风眠师生联展预告</strong></h2>
<hr align="left" size="3" noshade="noshade" color="#0066FF"/>
展览时间：2010.11.22 至 2010.12.03<br />
展览地点：中国美术学院美术馆<br />
主办：浙江省人民政府　　承办：中国美术学院　　联办：中央美术学院 上海联合画院<br />
<img src="images/捕获 1.JPG" alt="国美之路--林风眠师生作品展" width="452"
height="313" hspace="25" vspace="25" align="middle" /><br />
从 10 月 15 日开始，中国美术学院，浙江美术馆将联合推出“国美之路”大型系列展览，由“致
葵园 许江作品展”，“东西贯中&#8226;吴冠中大型艺术回顾展”，“国美之路 
林风眠师生联展”构成。
<p>　“国美之路 林风眠师生联展”展览除展出包括林风眠及其弟子吴冠中等人的艺
术作品外，也对其艺术理念和创作实践所构成的学术脉络进行了深入的梳理，彰显林风眠师生
为中国现代美术事业所作出的卓越贡献。</p>
<hr align="left" size="3" noshade="noshade" color="#FFCC00"/>
<p align="right"><strong>中国美术学院美术馆<br />
   2012 年 9 月 17 日
</strong></p>
<p align="center">copyright&copy;1998-2012  Tencent<br />
All Rights Reversed<br />
腾讯所有 版权所有<br />
</p>
</body>
```

项目四

整齐的项目列表

- 了解文本列表在网页中的作用。
- 掌握用<ul>标签制作无序列表。
- 掌握用<ol>标签制作有序列表。
- 熟练书写嵌套列表。
- 小案例：一则通知。

通过编写一个简单的HTML页面，让学生掌握列表的书写方法。

任务1　了解列表在网页中的作用

【任务目标】

了解列表的概念和分类。

【知识链接】

就像一本书一定要有目录一样，网页信息有时也需要用列表的形式表现出来，如目录列表、菜单介绍、计划类条目、并列关系的段落等，这就是文本列表。

页面中文本列表可以分为无序列表、定义列表和有序列表。合理使用列表不仅能传达页面的信息，有时候还能起到美化网页的作用。

列表的概念（见图4-1）

列表分为：有序列表和无序列表。

有序列表即有顺序的列表，用<ol>表示。例如：1,2,3,4及 i , ii ,iii,iv。

无序列表即没有顺序的列表，用<ul>表示。例如：■列表项一
■列表项二

■列表项三

或者：□列表项一

□列表项二

□列表项三

四大名著

- 《三国演义》
  - I. 第 一 回 宴桃园豪杰三结义 斩黄巾英雄首立功
  - II. 第 二 回 张翼德怒鞭督邮 何国舅谋诛宦竖
  - III. 第 三 回 议温明董卓叱丁原 馈金珠李肃说吕布
- 《水浒传》
  - a. 第 一 回 张天师祈禳瘟疫 洪太尉误走妖魔
  - b. 第 二 回 王教头私走延安府 九纹龙大闹史家村
  - c. 第 三 回 史大郎夜走华阴县 鲁提辖拳打镇关西
- 《西游记》
  - A. 第 一 回 灵根育孕源流出 心性修持大道生
  - B. 第 二 回 悟彻菩提真妙理 断魔归本合元神
  - C. 第 三 回 四海千山皆拱伏 九幽十类尽除名
- 《红楼梦》
  - i. 第 一 回 甄士隐梦幻识通灵 贾雨村风尘怀闺秀
  - ii. 第 二 回 贾夫人仙逝扬州城 冷子兴演说荣国府
  - iii. 第 三 回 托内兄如海荐西宾 接外孙贾母惜孤女

图 4-1

任务 2　制作无序列表

【任务目标】

（1）掌握使用<ul>标签制作无序列表的方法。

（2）掌握无序列表的各种列表符号的使用方法。

【任务描述】

案例 1：用 HTML 语言编写一个页面，要求使用<ul>标签制作个人简介。

案例 2：将案例 1 中无序列表的列表符号变成黑色小方块的形状。

【操作步骤】

案例 1

（1）打开网页编写环境。

启动 DreamWeaver，切换到“代码”窗口。

（2）编写代码。

```
<html>
    <head>
   <title>制作无序列表</title>
    </head>
```

```
        <body style="text-align:center">
      <h3>个人简介</h3>
       <ul>
               <li>姓名：__________
                <p>
               <li>年龄：__________
                <p>
               <li>性别：__________
                <p>
                <li>爱好：__________
      </ul>
         </body>
    </html>
```

（3）保存文件。

文件→保存，文件名为案例 1.html。

（4）运行文件。

在 DW 环境下按 F12 键对网页进行浏览，如图 4-2 所示。

图 4-2

案例 2

（1）打开网页编写环境。

启动 DreamWeaver，切换到“代码”窗口。

（2）编写代码。

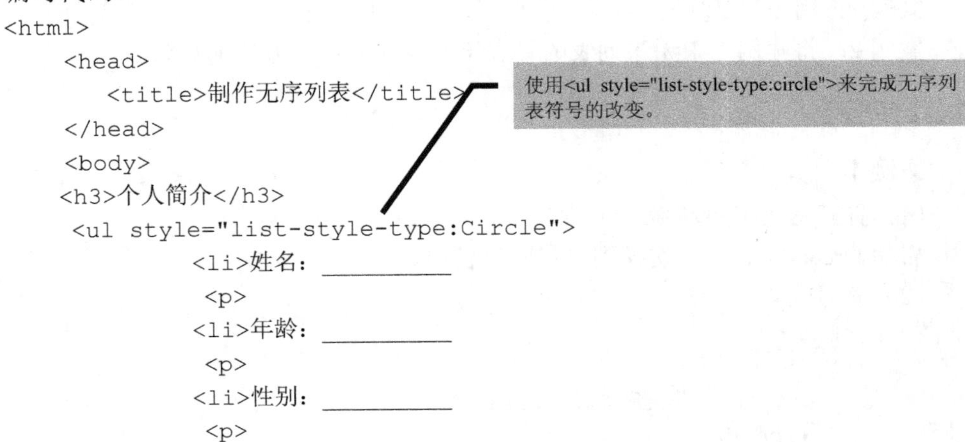


```
    <html>
        <head>
           <title>制作无序列表</title>
        </head>
        <body>
        <h3>个人简介</h3>
         <ul style="list-style-type:Circle">
                <li>姓名：__________
                 <p>
                <li>年龄：__________
                 <p>
                <li>性别：__________
                 <p>
```

```
                <li>爱好：__________
        </ul>
          </body>
     </html>
```

（3）保存文件。

文件→保存，文件名为案例 2.html。

（4）运行文件。

在 DW 环境下按 F12 键对网页进行浏览，如图 4-3 所示。

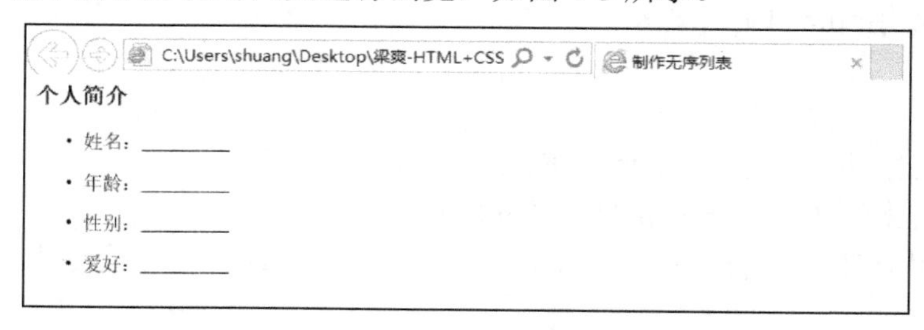

图 4-3

【知识链接】

没有编号的列表就是无序列表。如项目说明，这是一种并列关系的列表。结合 CSS 的修饰作用，还可以表现为导航栏。

无序列表以<ul>标签开始，至</ul>标签结束。在<ul>标签中，还需要使用<li>标签来定义列表的每一行。

1．代码标签

<ul>　unorder list（没有顺序的列表）

代码：

```
<ul>
    <li>…</li>
    <li>…</li>
    <li>…</li>
</ul>
```

2．特殊情况

默认情况下，无序列表的条目符号是“实心的小圆圈”。

```
<ul style="list-style-type:disc">
⋮
</ul>
```

如果要换成空心的圆圈、黑色小方块，则可以选择下面的代码。

disc:代表“小圆圈”

Circle:代表“圆圈”

Square:代表“黑色小方块”

任务 3　制作有序列表

【任务目标】

（1）掌握使用<ol>标签制作有序列表的方法。

（2）掌握有序列表的各种列表符号的使用方法。

（3）掌握使用<dl>自定义列表。

【任务描述】

案例 3：将案例 1 中的无序列表变成有序列表。

案例 4：将案例 3 中有序列表的列表符号变成“a,b,c”。

案例 5：用 HTML 语言编写一个页面，用<dl>定义“域名后缀”页面。

【操作步骤】

案例 3

（1）打开网页编写环境。

启动 DreamWeaver，切换到“代码”窗口。

（2）编写代码。

```
<html>
     <head>
          <title>制作有序列表</title>
     </head>
    <body>
     <h3>个人简介</h3>
      <ol>
                <li>姓名：__________
                 <p>
                <li>年龄：__________
                 <p>
                <li>性别：__________
                 <p>
                 <li>爱好：__________
     </ol>
   </body>
 </html>
```

（3）保存文件。

文件→保存，文件名为案例 3.html。

（4）运行文件。

在 DW 环境下按 F12 键对网页进行浏览，如图 4-4 所示。

图 4-4

案例 4

（1）打开网页编写环境。

启动 DreamWeaver，切换到“代码”窗口。

（2）编写代码。

```
<html>
     <head>
        <title>制作有序列表</title>
     </head>
      <body>
     <h3>个人简介</h3>
      <ol type="a">
                <li>姓名：__________
                 <p>
                <li>年龄：__________
                 <p>
                <li>性别：__________
                 <p>
                 <li>爱好：__________
     </ol>
        </body>
 </html>
```

（3）保存文件。

文件→保存，文件名为案例 4.html。

（4）运行文件。

在 DW 环境下按 F12 键对网页进行浏览，如图 4-5 所示。

图 4-5

案例 5

（1）打开网页编写环境。

启动 DreamWeaver，切换到“代码”窗口。

（2）编写代码。

```
<html>
<head>
<title>自定义列表</title>
</head>
<body>
<dl>
        <dt>www</dt>
                <dd>World Wide Web 的缩写.</dd>
        <dt>dreamdu</dt>
                <dd>梦之都.</dd>
                <dd>www 的:).</dd>
        <dt>com</dt>
        <dt>com.cn</dt>
        <dt>cn</dt>
                <dd>这都是域名的后缀.</dd>
</dl>
</body>
</html>
```

（3）保存文件。

文件→保存，文件名为案例 5.html。

（4）运行文件。

在 DW 环境下按 F12 键对网页进行浏览，如图 4-6 所示。

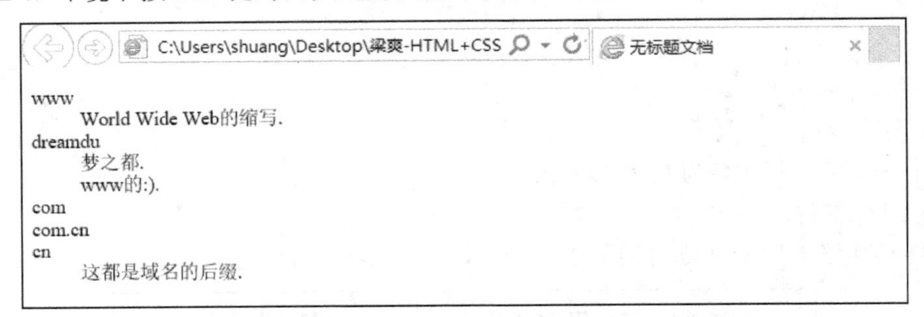

图 4-6

【知识链接】

1. 有序列表

（1）有序列表中的条目依次按照顺序排列。

代码：

```
<ol>
        <li>…</li>
        <li>…</li>
        <li>…</li>
 </ol>
```

（2）默认情况下，有序列表的条目符号是“1,2,3……”

用“a,b,c”来表示有序列表项，则

<ol type= “…” >

a:代表“a,b,c”

i:代表“希腊小写字母”

I:代表“希腊大写字母”

2．定义列表

定义列表是一种缩进样式的列表，设计的本意是要用于定义术语。使用<dl>来创建定义列表。在列表中使用<dt>来定义页面中的每一行。

与有序列表和无序列表不同的是，在定义列表中，列表中会添加缩进行来展示这个列表的条目，使用<dd>标签来定义缩进行。

其代码写法如下：

```
<dl>
  <dt>…</dt>
  <dd>…</dd>
  <dt>…</dt>
  <dd>…</dd>
</dl>
```

任务4　制作嵌套列表

【任务目标】

掌握利用 HTML 中的<ul>和<ol>书写嵌套列表的方法。

【任务描述】

案例 6：使用<ul>和<ol>制作嵌套列表。

【操作步骤】

（1）打开案例 6。

启动 DreamWeaver，切换到“代码”窗口。

（2）编写代码。

```
<html>
<head>
```

```
    <title>嵌套有序列表与无序列表</title>
</head>
<body>
<ul>
<li>体育三大球类</li>
<ol type="i">
 <li>足球</li>
<li>篮球 </li>
<li>排球</li>
</ol>
<li>音乐风格</li>
<ol type="a">
<li>民族音乐</li>
<li>流行音乐</li>
<li>古典音乐</li>
</ol>
</ul>
</body>
</html>
```

（3）保存文档为案例 6.html。

（4）运行文件。

在 DW 环境下按 F12 键对网页进行浏览，如图 4-7 所示。

图 4-7

【知识链接】

嵌套列表定义

在使用列表时经常会遇到需要将一个列表放入另一个列表中的情况，也就是以一个列表作为另一个列表的一行的情况。这种情况称为列表嵌套。列表嵌套就是列表里还有列表。

无论是无序列表嵌套，还是有序列表嵌套，或者是无序列表和有序列表的混合嵌套列表，它们的代码写法都遵循一个原则，就是遵从 HTML 代码的使用规则，将一个列表的标签完全放入另一个标签内。这是一种父子级的关系。这种方法常用来表示复杂的导航，应用广泛。

例如，图 4-8 所示即为嵌套列表的案例。

图 4-8

上 机 练 习

上机案例 1：制作综合列表页面，如图 4-9 所示。

图 4-9

【操作步骤】

（1）打开编辑环境。

启动 DreamWeaver，切换到“代码”窗口。

（2）编写代码。

```
<html>
<head>
   <title>多种列表在网页中的使用</title>
</head>
<body>
<ul type="square">
```

```
<li>水果类</li>
<ol type="A">
<li>苹果</li>
<li>香蕉</li>
<li>橘子</li>
</ol>
<li>蔬菜类</li>
<ol type="I">
<li>萝卜</li>
<li>白菜</li>
<li>土豆</li>
</ol>
</ul>
<hr>
<menu>
   <li>联系人
   <li>联系地址
   <li>邮政编码
  </menu>
</body>
</html>
```

【知识链接】

在HTML文件中，只要在需要使用目录的地方插入成对的菜单列表标记<menu>…</menu>，就可以简单地完成菜单列表的插入。

基本语法：

```
<menu>
     <li>项目名称
     <li>项目名称
     <li>项目名称
       ⋮
 </menu>
```

上机案例2：制作一则通知，完成后如图4-10所示。

【操作步骤】

（1）题目要求。

结合前面所学的知识，制作一则会议通知。

会议通知通常包括标题、内容和最后的署名3个部分，分别根据每一块需求编写页面代码，最后再将它们整合在一起，编辑格式。通知的最终显示效果如图4-10所示。

（2）打开编辑环境。

启动DreamWeaver，切换到“代码”窗口。

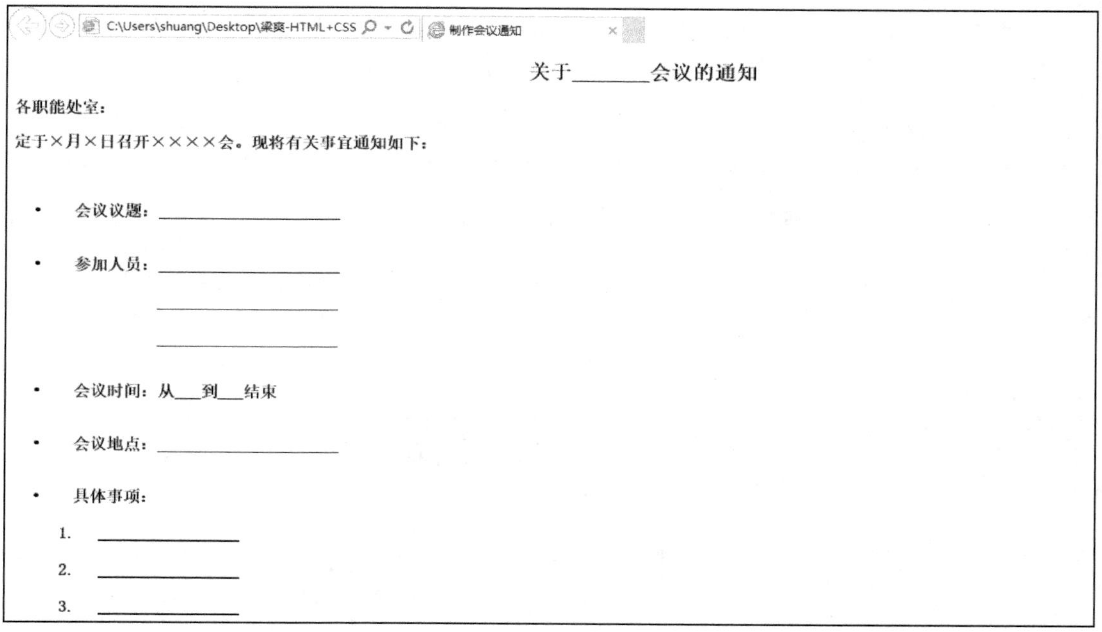

C:\Users\shuang\Desktop\梁爽-HTML+CSS　制作会议通知

关于________会议的通知

各职能处室：

定于×月×日召开××××会。现将有关事宜通知如下：

- 会议议题：__________________
- 参加人员：__________________
  ____
  ____
- 会议时间：从___到___结束
- 会议地点：__________________
- 具体事项：
  1. ______________
  2. ______________
  3. ______________

图 4-10

（3）编写代码。

```
<html>
      <head>
         <title>制作会议通知</title>
      </head>
     <!--以下是页面的主体部分 -->
      <body>
       <h2 align="center">关于________会议的通知</h2>
        <h3><p>各职能处室：</p>
        定于×月×日召开××××会。现将有关事宜通知如下：
        <br>
       <pre>
       <ul><p><li>    会议议题：_________________________
           <p><li>    参加人员：_________________________
              <br>               _________________________
              <br>               _________________________
           <p><li>    会议时间：从___到___结束
           <p><li>    会议地点：_________________________
           <p><li>    具体事项：
             <ol><li>   ___________________
                 <li>   ___________________
                 <li>   ___________________
             </ol>
         </ul>
        </pre>
```

```
<p align="right">______________公司
<p align="right">        年     月     日 </h3>
</body>
</html>
```

上机案例 3：制作四大名著，完成图如图 4-11 所示。

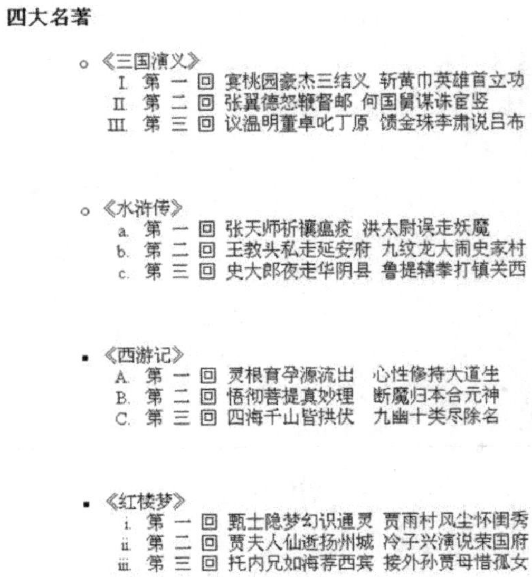

四大名著

- 《三国演义》
  - I 第 一 回 宴桃园豪杰三结义 斩黄巾英雄首立功
  - II 第 二 回 张翼德怒鞭督邮 何国舅谋诛宦竖
  - III 第 三 回 议温明董卓叱丁原 馈金珠李肃说吕布
- 《水浒传》
  - a. 第 一 回 张天师祈禳瘟疫 洪太尉误走妖魔
  - b. 第 二 回 王教头私走延安府 九纹龙大闹史家村
  - c. 第 三 回 史大郎夜走华阴县 鲁提辖拳打镇关西
- 《西游记》
  - A. 第 一 回 灵根育孕源流出 心性修持大道生
  - B. 第 二 回 悟彻菩提真妙理 断魔归本合元神
  - C. 第 三 回 四海千山皆拱伏 九幽十类尽除名
- 《红楼梦》
  - i. 第 一 回 甄士隐梦幻识通灵 贾雨村风尘怀闺秀
  - ii. 第 二 回 贾夫人仙逝扬州城 冷子兴演说荣国府
  - iii. 第 三 回 托内兄如海荐西宾 接外孙贾母惜孤女

图 4-11

【操作步骤】

（1）打开编辑环境。

启动 DreamWeaver，切换到“代码”窗口。

（2）编写代码。

```
<html>
<head>
<title>列表嵌套</title>
</head>
<body>
<h3>四大名著</h3>
<ul style="list-style-type:disc">
<li>列表一
<ul style="list-style-type:circle">
<li>《三国演义》
<ul style="list-style-type:square">
<li>第 一 回  宴桃园豪杰三结义 斩黄巾英雄首立功</li>
<li>第 二 回  张翼德怒鞭督邮 何国舅谋诛宦竖</li>
<li>第 三 回  议温明董卓叱丁原 馈金珠李肃说吕布</li>
</ul>
</li>
```

```
  <li>《水浒传》
<ol>
<li>第 一 回  张天师祈禳瘟疫 洪太尉误走妖魔</li>
<li>第 二 回  王教头私走延安府 九纹龙大闹史家村</li>
<li>第 三 回  史大郎夜走华阴县 鲁提辖拳打镇关西</li>
</ol>
</li>
</ul>
<ol style="list-style-type:upper-roman">
<li>《西游记》
<ul>
<li>第 一 回  灵根育孕源流出  心性修持大道生</li>
<li>第 二 回  悟彻菩提真妙理  断魔归本合元神</li>
<li>第 三 回  四海千山皆拱伏  九幽十类尽除名</li>
</ul>
</li>
<li>《红楼梦》
<ol style="list-style-type:upper-alpha">
<li>第 一 回  甄士隐梦幻识通灵 贾雨村风尘怀闺秀</li>
<li>第 二 回  贾夫人仙逝扬州城 冷子兴演说荣国府</li>
<li>第 三 回  托内兄如海荐西宾 接外孙贾母惜孤女</li>
</ol>
</li>
</ol>
</ul>
</body>
</html>
```

项目五

让网页变得好看起来

项目目标

- 了解计算机图像的概念（了解位图和矢量图的概念）。
- 学习如何对图像进行排版（图像的路径，图像与文本的对齐方式，图像与文本的距离）。
- 使用技巧来美化图像（给图像增加边框，水平线）。
- 设置页面背景。
- 案例：制作个人宠物页面。

项目描述

通过编写一个简单的 HTML 页面，让学生掌握在网页中插入图片的方法。

任务 1　图像的基本知识

【任务目标】

（1）了解图像的基本知识。

（2）了解位图和矢量图的基本概念。

（3）掌握图像分辨率的概念。

【知识链接】

一个页面中，除去文本部分，最常见的文件就是图像了。现实中人们所指的图像最常见的莫过于相片或画，而通常所说的数字相机记录下来的数字照片是存放在存储卡上的。存放下来的这些图像可以通过不同的浏览器被阅览，而这种图像才是我们所要关注的图像。在网页中，一张图像可以大到覆盖整个页面的背景，也可以小到微不足道的一个 Logo，它们在不经意间充满了整张页面。图 5-1 为腾讯网的首页图片。

图像分为位图和矢量图。

图 5-1

1．最常用的图像——位图

（1）位图的定义。

位图又称为光栅图，是由许多像素组成的图，像素是很小的颜色块，如马赛克一样，当图像中模型的头部放大到 700 倍的时候，图像呈现出锯齿一样的边缘；当图像放大到 1400 倍的时候，看到的图像只是一个一个的小方格，这每一个小方格就是像素。像素表示为一个正方形的颜色块。

图 5-2 所示为位图放大 700 倍和放大 1400 倍的效果。

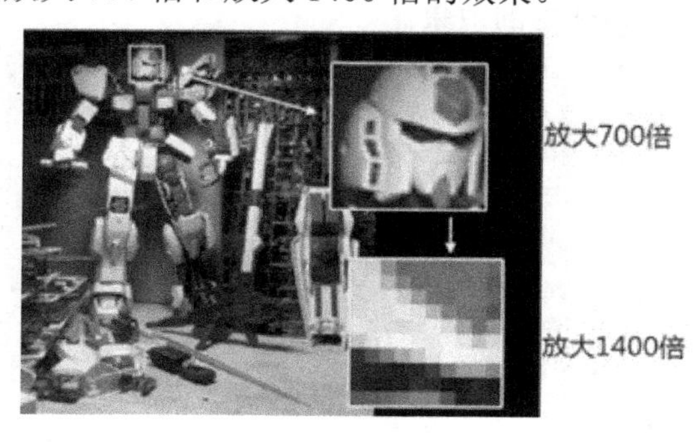

图 5-2

位图通常被分为 8 位、16 位、24 位、32 位的位图。

8 位位图并不代表只有 8 种颜色，而是 2^8 种颜色。

人眼能分辨出来的 2^{16} 种颜色已经很多了，所以一般情况下设计者选择 24 位图像就够了。

（2）页面中常见的位图格式。

页面中常用的 3 种位图图像格式分别是：

- JPG 图像
- PNG 图像
- GIF 图像

① JPEG 图像：

后缀：.jpg

压缩过的图像。

适用于处理大面积色调的图像。

不适用于颜色对比强烈的图像，比如 logo、banner。

② PNG 图像：

后缀：.png

无损压缩方式，支持透明信息。

适用于在页面中加入 logo 或一些点缀的小图像。

③ GIF 图像：

后缀：.gif

最大特点是可以制作动画。

2．奇妙的矢量图

矢量图和位图最大的区别在于：前者图像的缩放不会影响其效果，如图 5-3 所示，而位图会有损图像质量。

矢量图后缀：.ai　　静帧的矢量文件（Illustrator）。

.cdf　　工程图为主。

.swf　　Flash 文件。

图 5-3 所示为位图放大 800 倍的效果。

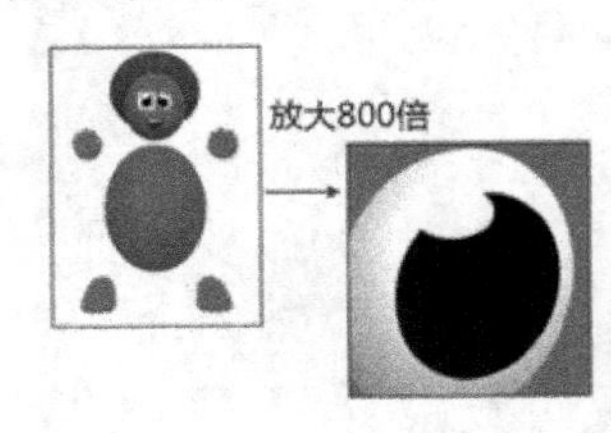

图 5-3

3．图像的分辨率

（1）分辨率的单位是 dpi(display pixels/inch)，即每英寸显示的线数。

一般来说，现在大部分是 1024×768，宽屏则会更高，而目前大多数浏览器默认的分辨率是 1024×768。

普屏：1024×768

宽屏：1600×900

（2）图像分辨率原理。

数码图像有两大类，一类是矢量图，也叫向量图；另一类是点阵图，也叫位图。矢量图比较简单，它是由大量数学方程式创建的，其图像是由线条和填充颜色的块面构成的，而不是由像素组成的，对这种图像进行放大和缩小不会引起图像失真。

点阵图很复杂，是通过摄像机、数码相机和扫描仪等设备，利用扫描的方法获得的。它由像素组成，以每英寸的像素数（PPI）来衡量。点阵图具有精细的图像结构、丰富的灰度层次和广阔的颜色阶调。当然，矢量图经过图像软件的处理也可以转换成点阵图。家庭影院所使用的图像、动画片的原图属于矢量图一类，但经过制作中的转化，已经和其他电影片一样，也属于点阵图一类了。

任务 2　在网页中插入图像让网页美丽起来

【任务目标】

（1）理解图像路径的知识。

（2）掌握网页中图像的几种对齐方式。

（3）掌握设置图片宽度、高度和边框的属性。

（4）掌握设置图片和文字之间距离的方法。

【任务描述】

案例 1：用 HTML 语言编写一个页面，使用<img>标签和<hr>标签在页面中插入图像和水平线。

案例 2：用 HTML 语言编写一个页面，使图片能够实现左对齐、右对齐、居中对齐。

案例 3：用<img>标签中的对齐属性编写“NBA 季后赛”页面。

案例 4：用 HTML 语言编写一个页面，要求加入图片边框，设置图片宽度和高度。

案例 5：用 HTML 语言编写一个页面，要求设置图片和文字的垂直间距。

案例 6：用 HTML 语言编写一个页面，要求设置图片和文字的水平间距。

案例 7：用<img>设置页面的背景。

【操作步骤】

案例 1

（1）打开网页编写环境。

启动 DreamWeaver，切换到“代码”窗口。

（2）编写代码。

```
<html>
<head>
```

```
  <title>插入图片</title>
</head>
<body>
  <center>
  <h2>网页中插入图片</h2>
  <hr>
  <img src=19-1-2.jpg>
  </center>
</body>
</html>
```

（3）保存文件。

文件→保存，文件名为案例 1.html。

（4）运行文件。

在 DW 环境下按 F12 键对网页进行浏览，如图 5-4 所示。

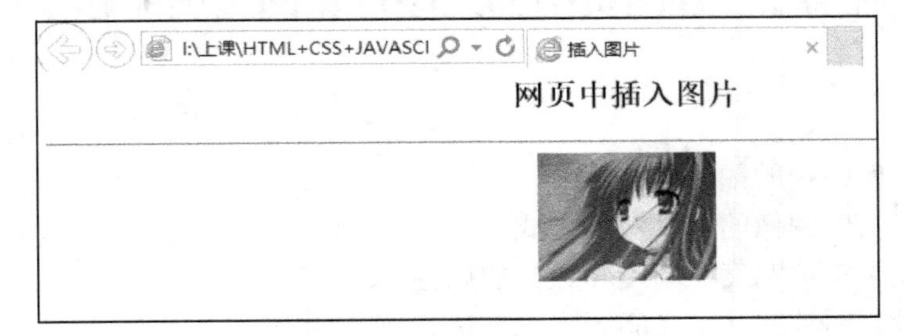

图 5-4

案例 2

（1）打开网页编写环境。

启动 DreamWeaver，切换到“代码”窗口。

（2）编写代码。

```
<html>
  <head>
     <title>在页面中添加图像</title>
  </head>
  <body>
     <h3><p align="center">向左走 向右走</p></h3>
     <hr align="center" size="1" color="#FF0000">
   <p align="center"><img src="图片/向左向右.jpg"alt="这是一部电视剧"/>
   </p><br/>
  <hr align="right" width="500" size="0.5" color="#FF00FF">
  <img src="图片/表情 1.jpg" align="left" alt="此时代表向左走">
  <img src="图片/表情 3.jpg" align="right" alt="此时代表向右走"><br/>
  </body>
</html>
```

（3）保存文件。

文件→保存，文件名为案例 2.html。

（4）运行文件。

在 DW 环境下按 F12 键对网页进行浏览，如图 5-5 所示。

图 5-5

案例 3

（1）打开网页编写环境。

启动 DreamWeaver，切换到“代码”窗口。

（2）编写代码。

```
<html>
  <head>
     <title>在页面中对齐图片</title>
  </head>
  <body>
     <h4>"The Shot"</h4>
```

```
        <br>1989 年季后赛首轮第五场，Michael 在最后 3 秒接球、运球、起跳、滞空、投篮、
        整个动作一气呵成。骑士球员 Craig Ehlo 在这个过程中一直跟着 Michael，起跳后他
        也起跳，但 Michael 魔术般地停在了空中，等 Craig 身体下落时，才抢在终场哨响前
        把球投出。
          <p align="center"><img src="图片/表情 2.jpg" />
          <p ><img src="图片/表情 1.jpg" align="left"/>
             <img src="图片/表情 3.jpg" align="right"/>
    </body>
  </html>
```

（3）保存文件。

文件→保存，文件名为案例 3.html。

（4）运行文件。

在 DW 环境下按 F12 键对网页进行浏览，如图 5-6 所示。

图 5-6

【知识链接】

1．理解图像路径

在页面中放入图像，实际上是使用了服务器中的一张图片。设计者把所有的图片放在一台服务器上的某个文件夹中，然后通过 HTML 语言告诉浏览器这些图片放在哪里，即图

片的路径，在页面文档中使用<img/>标签将图像放入页面中。

使用的格式如下：

```
<img src=… alt=… />
```

其中，src 表示 source，即图片的源；alt 属性：指定关于图像的描述性文本。如果浏览者不能看到图像，将看到 alt 属性注释的文本。

2．独树一帜的水平线

水平线：

标签：<hr>

属性：align：对齐方式

width：水平线长度

size：水平线宽度

color：水平线颜色

代码：

```
<hr align="…" width="…" size="…">
```

3．像编辑文本对齐一样在页面中对齐图片

在一个页面中放入图片的时候，可以像编辑文本一样，令图片左对齐、右对齐、居中对齐，只要在<img/>标签中加入“align”属性就可以了。

```
<img src="…" align="…" alt="…">
```

【注意事项】

（1）图片如果设置居中对齐，必须在<p>标签中设置，不能放在<img/>标签中设置，否则图片还是左对齐。

（2）注意图片文件夹的位置，有时可以把图片文件夹取名为“images”，请按照图 5-7 的样式来存放文件夹。

名称	修改日期	类型	大小
图片	2014/5/16 18:27	文件夹	
5-1.html	2013/9/20 11:37	HTML 文件	1 KB
5-2.html	2009/1/18 23:17	HTML 文件	1 KB

图 5-7

案例 4

（1）打开网页编写环境。

启动 DreamWeaver，切换到“代码”窗口。

（2）编写代码。

```
<html>
<head>
  <title>设置图片宽度和高度</title>
```

```
</head>
<body>
  <center>
  <h2>设置图片宽度和高度</h2>
  </center>
  <hr>
  <table>
    <tr>
      <td>原图</td>
      <td>宽度为 200 像素</td>
      <td>宽 150 像素高 80 像素</td>
    </tr>
    <tr>
      <td><img src="图片/19-1-4.jpg"></td>
      <td><img src="图片/19-1-4.jpg" width=200px border="1"></td>
      <td><img src="图片/19-1-4.jpg" width=150px height=80px></td>
    </tr>
  </table>
</body>
</html>
```

（3）保存文件。

文件→保存，文件名为案例 4.html。

（4）运行文件。

在 DW 环境下按 F12 键对网页进行浏览，如图 5-8 所示。

图 5-8

【知识链接】

1．给图像加边框

编辑图像时，有一种使用频度很高的修饰图片的方式，即给图像添加边框，虽然这是对图片小小的修饰，但带来的效果是相当突出的。在<img/>标签中添加“border”属性和“bordercolor”属性：

```
<img  src="…"  border=  >
```

其中，“border”属性下输入像素值，指边框的宽度，用这个方法给先前的截图添加了边框。

2. 设置图片的高度和宽度——width/height

Img 标记的属性 width 和 height 是用来设置图片的高度和宽度的。

基本语法：

```
<img src="图片地址" width="…"  height="…">
```

语法说明：

图片高度和宽度的单位可以是像素，也可以是百分比。

如果在使用的宽度和高度属性中只设置了宽度或高度中的一个属性，那么另一个属性会按照原始图片的宽高比等比例显示。但是如果两个属性没有按照原始大小的缩放比例设置，图片很可能变形。

案例 5

（1）打开网页编写环境。

启动 DreamWeaver，切换到“代码”窗口。

（2）编写代码。

```
<html>
<head>
  <title>设置图片间距</title>
</head>
<body>
  <center>
  <h2>设置图片间距</h2>
  </center>
  <hr>
  <img src="图片/19-1-7.jpg" height=10% vspace="10">
  图片的垂直间距为 10 像素<br>
  <img src="图片/19-1-7.jpg" height=15% vspace="20">
  图片的垂直间距为 20 像素<br>
  <img src="图片/19-1-7.jpg" height=20% vspace="30">
  图片的垂直间距为 30 像素
</body>
</html>
```

（3）保存文件。

文件→保存，文件名为案例 5.html。

（4）运行文件。

在 DW 环境下按 F12 键对网页进行浏览，如图 5-9 所示。

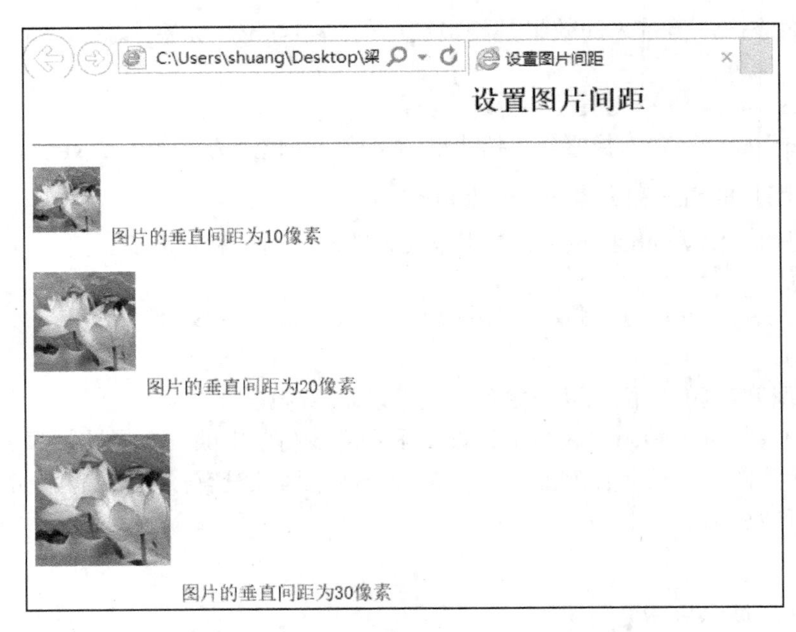

图 5-9

案例 6

（1）打开网页编写环境。

启动 DreamWeaver，切换到“代码”窗口。

（2）编写代码。

```
<html>
<head>
  <title>设置图片间距</title>
</head>
<body>
  <center>
  <h2>设置图片间距</h2>
  </center>
  <hr>
  <img src="图片/19-1-7.jpg" height=15% hspace="10">
  图片的水平间距为 10 像素
  <img src="图片/19-1-7.jpg" height=20% hspace="20">
  图片的水平间距为 20 像素
  <img src="图片/19-1-7.jpg" height=25% hspace="30">
  图片的水平间距为 30 像素
</body>
</html>
```

（3）保存文件。

文件→保存，文件名为案例 6.html。

（4）运行文件。

在 DW 环境下按 F12 键对网页进行浏览，如图 5-10 所示。

图 5-10

【知识链接】

1. 图像与文本的对齐方式

在编辑图像时，图像不同于文本的意义在于，图像都是一个个分开的整体。而编辑图像时，如果设计者想在图像的旁边放入文本内容，就需要考虑如何处理文本和图像对齐方式。在 HTML 文档中，对齐方式分为 3 种：

使图像的顶部和同一行的文本对齐，使用代码如：

```
<img style="vertical-align:text-top"/>
```

使图像的中部和同一行的文本对齐，使用代码如：

```
<img style="vertical-align:middle"/>
```

使图像的底部和同一行文本对齐，使用代码如：

```
<img style="vertical-align:text-bottom"/>
```

2. 控制文本与图像的距离

编辑页面时，除了可以控制图像与文本的编排方式外，甚至可以进一步调整图像和文本的距离。

- “hspace”（horizen space）属性用来控制图像四周与其他内容间隔的水平方向的宽度。
- “vspace”（vertical space）属性用来控制图像四周与其他内容间隔的垂直方向的高度。

这种编辑效果可以令页面展示出更多不一样的特色。

案例 7

（1）打开网页编写环境。

启动 DreamWeaver，切换到“代码”窗口。

（2）编写代码。

```
<html>
  <head>
    <title> 给图像添加边框</title>
```

```
    </head>
    <body style="background-image:url(图片/1.jpg);
             background-repeat:repeat-x">
        <br><h3><p style="color:#ff0000">添加页面背景</h3>
    </body>
</html>
```

（3）保存文件。

文件→保存，文件名为案例 7.html。

（4）运行文件。

在 DW 环境下按 F12 键对网页进行浏览，如图 5-11 所示。

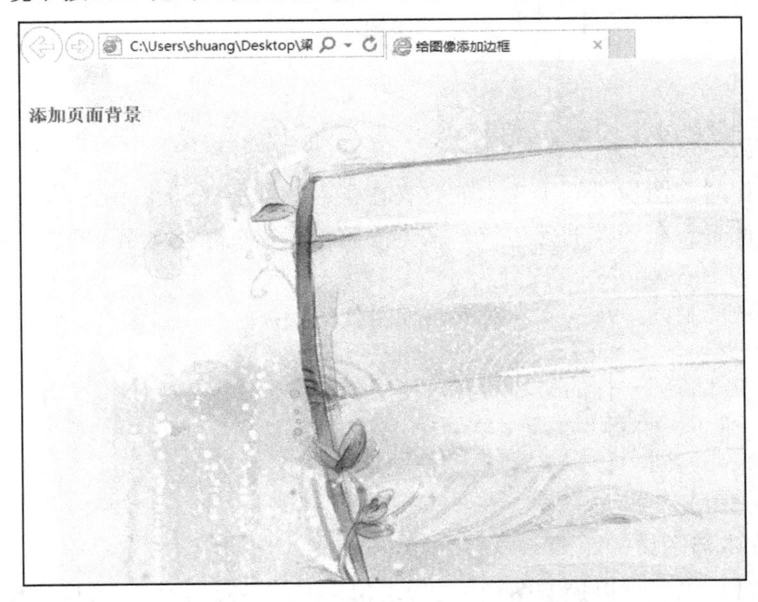

图 5-11

【知识链接】

改变页面的背景

在页面主体开始的<body>标签中：

- 使用样式“background-image”属性（即背景图像属性）来指定背景图片，使用时在 url 后面放入指定的图片地址。
- “background-repeat”属性用来定义背景图像在水平方向或者垂直方向上重复使用，以免图像因为太小而不能铺满整个页面。
- 水平方向重复即添加“repeat-x”；垂直方向重复即添加“repeat-y”。

这种方法好比在地板上铺瓷砖，每一幅背景图看作是一块瓷砖，而需要重复使用很多这样的瓷砖来铺满地板。

代码如下：

```
<body background="…" background-repeat: …">
```

上机练习

上机案例 1：制作综合图片页面，如图 5-12 所示。

图 5-12

【操作步骤】

（1）打开编辑环境。

启动 DreamWeaver，切换到“代码”窗口。

（2）编写代码。

```
<html>
<head>
  <title>综合设置图片和多媒体</title>
</head>
<body>
  <center>
  <h2>综合设置图片和多媒体</h2>
  </center>
  <hr>
  <marquee bgcolor="#87cefa" direction="up"
  width=290 height=130 scrollamount=4>
  <font face="隶书" size=4 >
  江山如此多娇，引无数英雄竞折腰。<br>
  惜秦皇汉武，略输文采；<br>
  唐宗宋祖，稍逊风骚。<br>
  </font>
  </marquee>
  <img src="images/19-5-1.jpg" align=top>
  <marquee bgcolor="#339933" direction="up"
  width=330 height=120 hspace="20" scrolldelay=120>
```

```
      <font face="隶书" size=4 color=white>
      一代天骄，成吉思汗，只识弯弓射大雕。<br>
      俱往矣，数风流人物，还看今朝。<br>
      </font>
      </marquee>
      <img src="images/19-5-2.jpg" >
    </body>
    </html>
```

【知识链接】

滚动字幕——<marquee>

基本语法：

<marquee bgcolor="#87cefa" direction="up" width=290 height=130 scrollamount=4>

语法说明：

<marquee>：用于定义滚动字幕。

属性设置：

bgcolor：背景颜色

direction：up　由下至上

down　由上至下

left　由左至右

right　由右至左

width：滚动区域的宽度。

height：滚动区域的高度。

scrollamount：滚动速度。

上机案例 2：制作我的宠物页面，如图 5-13 所示。

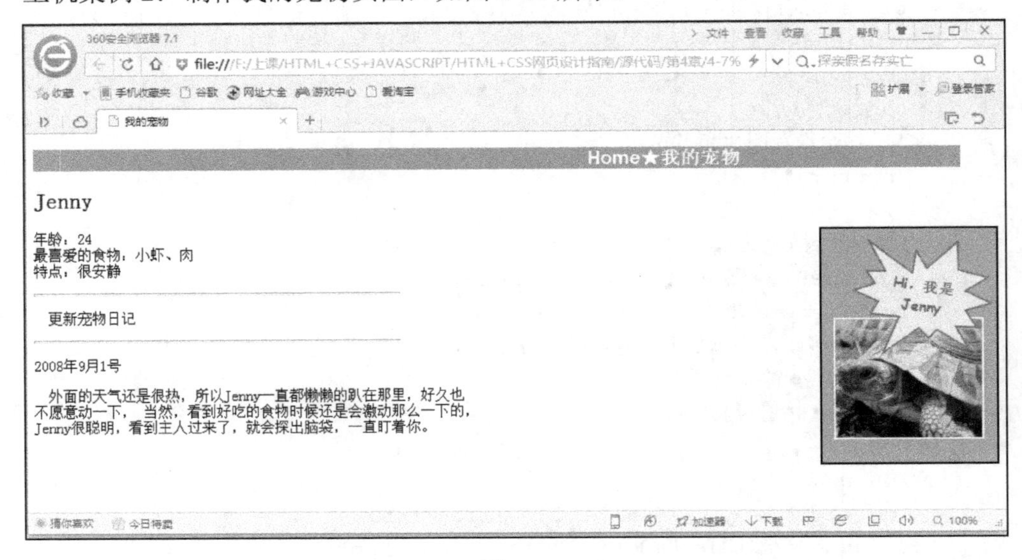

图 5-13

【操作步骤】

（1）题目要求。

本章涉及了很多编辑图像的技法，这一节中通过运用这些技法，将这些技能运用到实际操作中。很多人现在有自己的宠物，有些人会把自己的宠物照片晒到互联网上，给自己的宠物找玩伴，藉此来认识同样喜爱宠物的朋友。这个例子中，将学习如何将自己的宠物照片晒到互联网上。

首先，需要对这个宠物页面给出一个设计方案，明确基本构思。如在这个例子中，需要 3 个设计要点：

- 一个页面的 BANNER。
- 宠物的图像要放在页面的右侧，应该给图像加上边框。
- 定义页面的文本内容，放在页面的左侧。

（2）打开编辑环境。

启动 DreamWeaver，切换到“代码”窗口。

（3）编写代码。

```
<html >
  <head>
     <meta http-equiv="Content-Type"content="text/html;charset=gb2312"/>
     <title>我的宠物</title>
  </head>
  <body>
     <p><img src="图片/我的宠物banner.gif"width="1017" height="24"/></p>
    <p>
    <p>
     <p><h2>Jenny</h2>
    <p><img src="图片/我的宠物.gif" width="192" height="262" border="2"
        align="right" /></p>
    <p>年龄：24<br/>
       最喜爱的食物：小虾、肉<br/>
       特点：很安静</p>
    <p><hr align="left" width="400" size="3" >
    <p>  更新宠物日记</p>
    <hr align="left" width="400" size="3" >
    <p>2008 年 9 月 1 号</p>
    <p>  外面的天气还是很热，所以 Jenny 一直都懒懒地趴在那里，好久也<br>不
    愿意动一下，当然，看到好吃的食物时还是会激动那么一下的，<br>Jenny 很聪明，看
    到主人过来了，就会探出脑袋，一直盯着你。<br />
   </body>
</html>
```

项目六

网页链接

- 学会在不同页面中设置文本链接、邮箱链接、图片链接。
- 学会设置链接的 4 种状态。
- 学会利用 HTML 语句设置在不同页面中打开链接。
- 学会设置同一页面中快速查找信息。
- 小案例：制作普通链接。

通过编写简单的 HTML 表单页面，让学生理解并掌握网页中的几种基本链接，并制作简单的超链接页面。

任务 1　超链接概述

【任务目标】

理解超链接的基本概念和在实际网页中的运用。

【知识链接】

网站，就是包含许多链接在一起的页面，用户通过主页可以查找到网站中的所有页面。网页之间的链接称为页面链接。就像图书的目录一样，用户只要在目录中找到所需资料的页码，然后根据页码就可以找到此页。在网站中，用户只要在页面中单击链接内容，页面就会自动跳转到链接指向的页面。

所谓的链接是指从一个页面指向一个目标的链接关系，这个目标是多种样式的，可以是一个网页，也可以是相同网页的不同位置，甚至可以是一张图片、一个电子邮件地址、一个应用程序。当用户单击已经链接的页面内容时，链接目标将显示在浏览器上，并根据目标的类型来运行。

可以说，在一个大型网站中，网页的链接已经充斥着网站中的每个角落，如图 6-1 所示是一家门户网站的主页。在这样一个主页中，用户可以看到的每一行文本、每一张图片，即几乎所有的页面内容，都是页面链接。

图 6-1 为搜狐的首页图，可以看到其中有许多的图片链接和文字链接。

图 6-1

任务 2　设置基本文本链接

【任务目标】

掌握 3 种基本的链接方式：文本链接、图片链接和邮箱链接。

【任务描述】

案例 1：用 HTML 语言编写一个页面，实现基本的“文本链接”。

案例 2：用 HTML 语言编写基本的“图片链接”页面。

案例 3：用 HTML 语言编写基本的“邮箱链接”页面。

【操作步骤】

案例 1

（1）打开案例 1-1。

启动 DreamWeaver，切换到“代码”窗口。

（2）编写代码。

```
<html>
<head>
<title>页面 A </title>
</head>
<body>
<h1><a href="案例 1-2.html">页面 A</a> </h1>
<h1>页面 B</h1>
</body>
</html>
```

（3）保存文档为案例 1-1.html。

（4）运行文件。

在 DW 环境下按 F12 键对网页进行浏览，如图 6-2 所示。

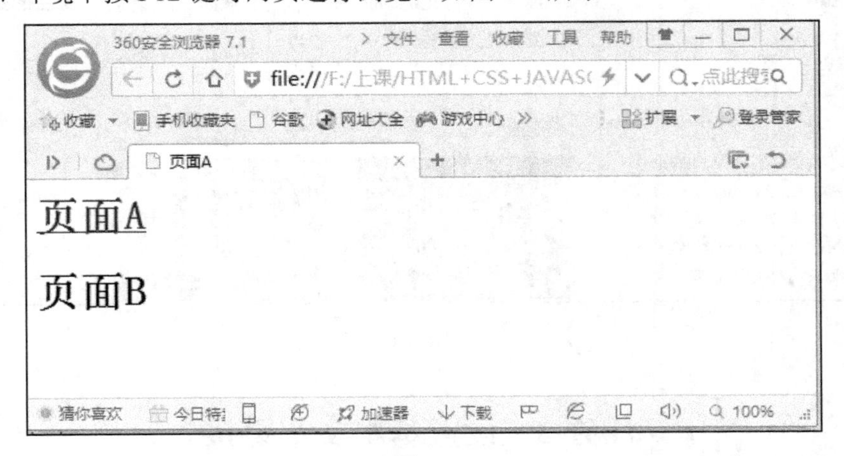

图 6-2

（5）打开案例 1-2。

启动 DreamWeaver，切换到“代码”窗口。

（6）编写代码。

```
<html>
<head>
<title>页面 A </title>
</head>
<body>
    <h1>页面 A </h1>
    <h1><a href="案例 1-1.html">页面 B</a></h1>
</body>
</html>
```

（7）保存文档为案例 1-2.html。

（8）运行文件。

在 DW 环境下按 F12 键对网页进行浏览，如图 6-3 所示。

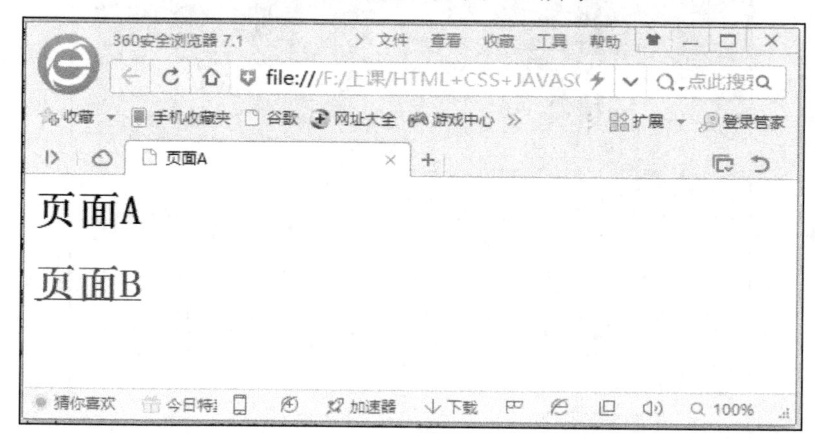

图 6-3

案例 2

（1）打开案例 2。

启动 DreamWeaver，切换到“代码”窗口。

（2）编写代码。

```
<html>
<head>
  <title>插入内部链接</title>
</head>
<body>
电子工业出版社与国内第三方网络支付平台提供商——首信易在线支付合作，开通了<A href=
"index.htm">网上付款购书业务</A>，实现了互联网上的在线支付、资金清算、查询统计
等功能。实现了读者灵活、方便地进行网上购书，同时让读者享受网络科技带来的快捷和便利。
</body>
</html>
```

（3）保存文档为案例 2.html。

（4）运行文件。

在 DW 环境下按 F12 键对网页进行浏览，如图 6-4 和图 6-5 所示。

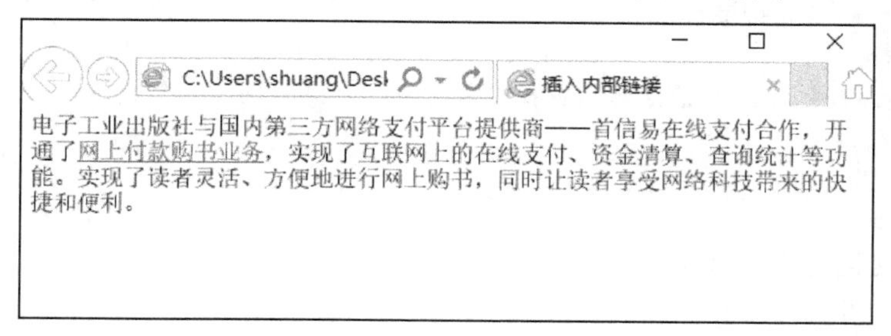

图 6-4

图 6-5

案例 3

（1）题目要求。

使用<a href="mailto:邮箱地址">…</a>来完成邮箱链接的页面。

（2）打开案例 3。

启动 DreamWeaver，切换到“代码”窗口。

（3）编写代码。

```
<html>
    <head>
     <title>邮箱的链接</title>
    </head>
    <body>
     <h1>邮箱链接</h1>
     <a href="mailto:huizhao@foxmail.com?subject=投诉建议;body=告诉我们
     你对网页设计的想法">告诉我们你对网页设计的想法?
    </a>
     </body>
 </html>
```

（4）保存文档为案例 3.html。

（5）运行文件。

在 DW 环境下按 F12 键对网页进行浏览，如图 6-6 所示。

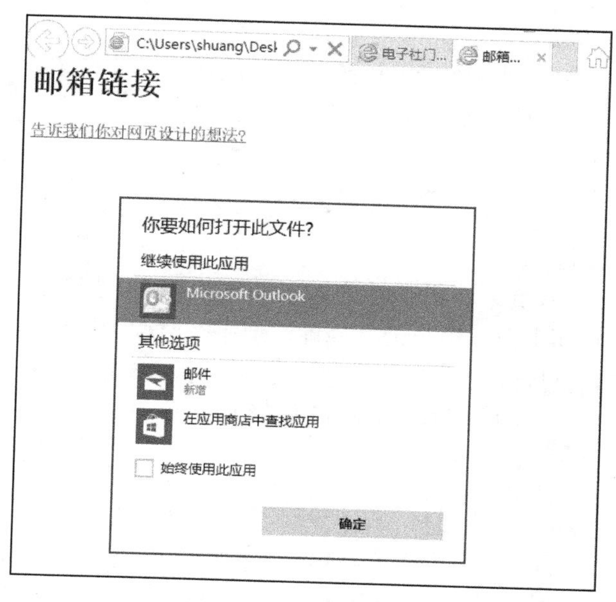

图 6-6

【知识链接】

1. 链接的标签

（1）锚点：a 代表锚点。

（2）代码：

```
<a href="链接地址">链接锚点对象</a>
```

（3）链接地址：链接到锚点对象的路径，可以是：

- 一个页面地址；
- 一个文件地址；
- 一个邮箱地址。

2. 3 种不同的链接

链接的分类有多种，而使用的方法却大同小异。创建一个超链接很容易，事实上，设计者使用到的只有<a>这样一个标签而已。虽然链接的方法类似，但是其展示的形式却自由多变，如链接的方式、链接指向何处等。而从使用者的角度来说，设计者最重要的是保持链接的友好性。

（1）基本的文本链接。

文本链接是页面中最常见的链接形式，也是最基本的一种链接。一般来说，文本链接中，最初文字上的超链接呈蓝色，文字下面有一条下画线，如果超链接已经被浏览过了，文本颜色就会发生改变，默认是紫色。

```
<a href="链接地址">链接文本</a>
```

设置文本的链接时，在文本的段落中直接使用<a>标签。案例 1 已经展示了如何实现文本链接。

（2）基本的图像链接。

图像链接的使用频率和文本链接一样高，设置链接的方法和文本无异，在引用图片的代码前面先放入<a>标签。如下所示：

```
<a href="…">
<img src="…">
</a>
```

（3）基本的邮箱链接。

<a>标签不仅能实现网页之间和网页与文件之间的链接，还可以链接到电子邮箱地址。当然，也可以直接在页面中留下电子邮件地址，但是有时候为了突出友好性，而不是直接留下地址，采用将邮箱链接到页面内容上的方式，使用方法如下：

```
<a href="mailto:邮箱地址">链接锚点对象
⋮
</a>
```

“mailto”就是“mail to”的连写，指“把邮件发送到”。

在这行代码中，还可以给新邮件填好邮件的主题和正文，这样打开电子邮件程序就填好了收信人的新邮件。其通过属性“subject”和“body”来实现，使用时有些特别，需要放在两个问号之间。

任务3　在同一页面中快速查找信息

【任务目标】

（1）掌握使用<a>标签进行页面内链接的方法。

（2）熟练掌握在同一页面内快速查找信息的方法。

【任务描述】

案例4：制作“电影排行榜”页面。

案例5：利用页面内链接的方法制作一个“世博会”网页。

【操作步骤】

案例4

（1）打开网页编写环境。

启动DreamWeaver，切换到“代码”窗口。

（2）编写代码。

```
<html>
<head>
<title>电影排行榜</title>
<style type="text/css">
  a {color:blue;
          text-decoration:none}
```

```
  a:visited {color:green;
          text-decoration:none}
  a:hover {color:red;
          text-decoration:underline}
  a:active{
       color:#F60;
       text-decoration:underline;
       }
</style>
</head>
<body>
<h3>电影排名</h3>
<a href=#1>1-10</a> 
<a href=#11>11-20</a> 
<a href=#21>21-30</a>
<p>
<p>
<p>
<hr color="#FF6600">
<p>
<a id="1"><a href="泰坦尼克号.html">1  泰坦尼克号</a></a><br/>
2  超人<br/>
3  泰囧<br/>
4  肖申克的救赎<br/>
5  爱人<br/>
6  在一起<br/>
7  盗梦空间<br/>
8  记忆裂痕<br/>
9  生死停留<br/>
10  死亡幻觉<br/>
<p>
<hr color="#FF6600">
<a id="11"><a href="#">11 蝙蝠侠</a></a><br/>
12 禁闭岛<br/>
13 蝴蝶效应<br/>
14 天使之恋<br/>
15 分手信<br/>
16 假如爱有天意<br/>
17 海上钢琴师<br/>
18 剪刀手爱德华<br/>
19 阿甘正传<br/>
20 东方不败<br/>
<p>
<hr color="#FF6600">
<a id="21"><a href="#">21 星球大战</a></a><br/>
22 暮光之城<br/>
```

```
23 罗马假日<br/>
24 勇敢的心<br/>
25 现代启示录<br/>
26 蓝莓之夜<br/>
27 兵临天下<br/>
28 美丽心灵<br/>
29 潘多拉<br/>
30 酷狗正传<br/>
</body>
</html>
```

（3）保存文件。

文件→保存，文件名为案例 5.html。

（4）运行文件。

在 DW 环境下按 F12 键对网页进行浏览，如图 6-7 和图 6-8 所示。

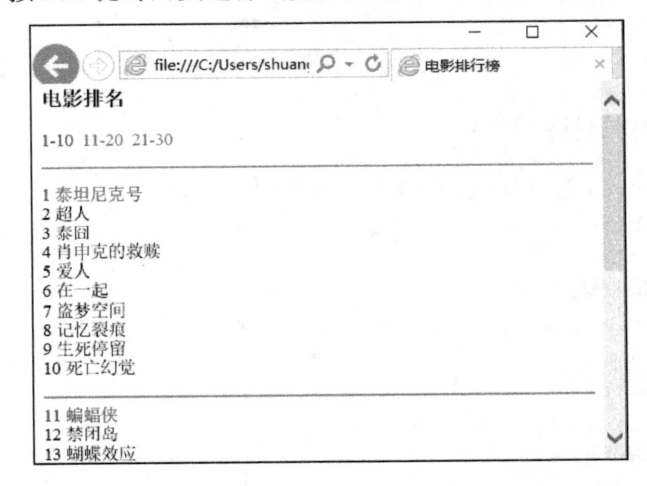

图 6-7

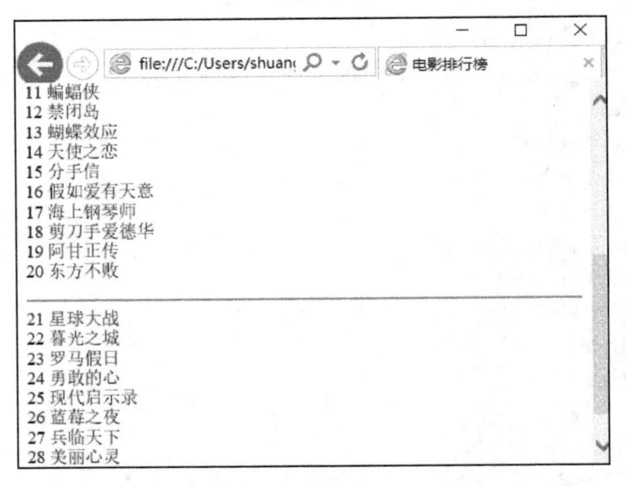

图 6-8

案例 5

（1）打开网页编写环境。

启动 DreamWeaver，切换到“代码”窗口。

（2）编写代码。

```
<html>
<head>
<title>同一页面内实现链接</title>
</head>
<body>
    <h1><font color=orange>世界博览会</font></h1>
    <h2><a href=#4>概述</a>
    <br><a href=#1>世界博览会的历史与由来</a>
    <br><a href=#2>国际博览局与世界博览会</a>
    <br><a href=#3>中国与世界博览会</a></h2>
    <p>
    <h3><a id=4><a href="table.html" target=_blank>概述</a></a></h3>
      <img src="image/吉祥物.jpg">
    <br>    世界博览会（World Exhibition or Exposi-
    tion，简称 World Expo）是一项由主办国政府组织或政府委托有关部门举办的有较大
    影响和悠久历史的国际性博览活动。它已经历了百余年的历史，最初以美术品和传统工
    艺品的展示为主，后来逐渐变为荟萃科学技术与产业技术的展览会，成为培育产业人才
    和一般市民的启蒙教育不可多得的场所。
      <br>    世界博览会的会场不单是展示技术和商品，而
      且伴以异彩纷呈的表演，富有魅力的壮观景色，设置成日常生活中无法体验的、充
      满节日气氛的空间，成为一般市民娱乐和消费的理想场所。
    ……
    <p><h3><a id=1><a href="#" target=_blank>世界博览会的历史与由来</a>
    </a></h3>
     <img src="image/烟花.jpg">
    <br>    在古代农耕社会，人们往往在庆贺丰收、宗教仪式、
    欢度喜庆的节日里展开交易活动，后来逐渐发展成为定期的、有固定场所的、以物品交
    换为目的的大型贸易及展示的集会。这就是世博会的最早形式。公元 5 世纪，波斯举办
    了第一个超越集市功能的展览会。18 世纪，随着新技术和新产品的不断出现，人们逐渐
    想到举办与集市相似，但只展不卖，以宣传、展出新产品和成果为目的的展览会。1791
    年捷克在首都布拉格首次举办了这样的展览会。随着科学技术的进步，社会生产力的发
    展，展览会的规模也逐步扩大，参展的地域范围从一地扩大到全国，由国内延伸到国外，
    直至发展成为由许多国家参与的世界性博览会。
      ……
    <p><h3><a id=2><a href="#" target=_blank>国际博览局与世界博览会</a>
    </a></h3>
    <img src="image/场馆 1.jpg">
    <br>    举办世界博览会的目的往往是为庆祝一个重大的
    历史事件或一个地区、一个国家的重要纪念活动：为了展示人类在某一或多个领域中，
    政治、经济、文化、科技方面取得的成就，为了展现人类社会及经济发展的未来的前景
```

```
    而申办的各种各样世界博览会，其举办时间之长，展出规模之大，参观人数之众，参展
    国家之多，耗资巨大是任何一个展览会所不能比拟的。
    ……
      <p><h3><a id=3><a href="#" target=_blank>中国与世界博览会</a></a>
      </h3>
    <img src="image/外景.jpg">
    <br>    中国第一次参加世界博览会应该始于 1873 年的
    维也纳世界博览会，中国的参加方式也是赛奇会本身的一奇。因为代表中国人的是一个
    叫包腊（EoCoBowra）的英国人。派他代表中国参加的，既不是朝廷，也不是某一个朝
    廷大员，而是当时清朝的总税务司——英国人赫德。在 1840 年以后，中国的海关和外贸
    都交由外国人代办了。赫德为了扩大中国和外国的商业联系，以图取更大的利润，便派
    包腊代表中国参加赛奇会。
    ……
  </body>
</html>
```

（3）保存文件。

文件→保存，文件名为案例 5.html。

（4）运行文件。

在 DW 环境下按 F12 键对网页进行浏览，如图 6-9 和图 6-10 所示。

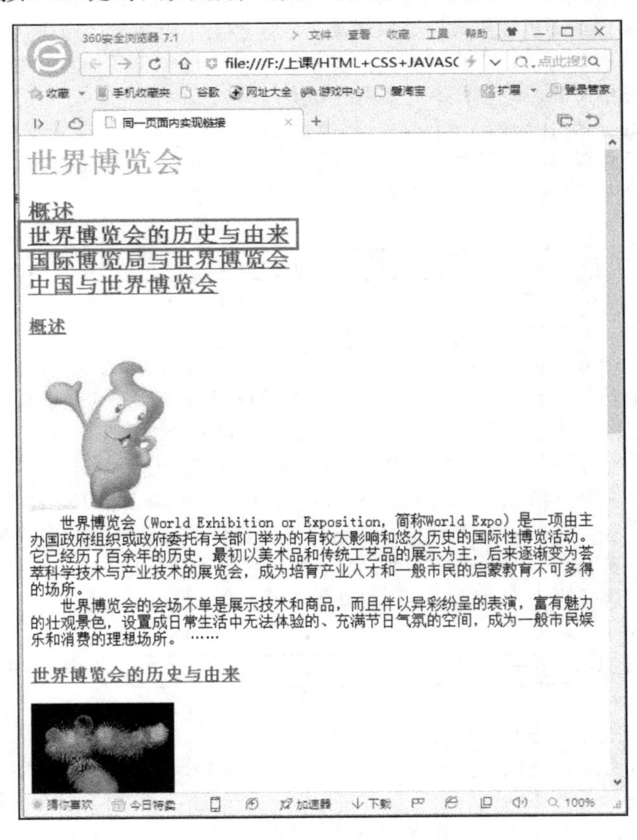

图 6-9

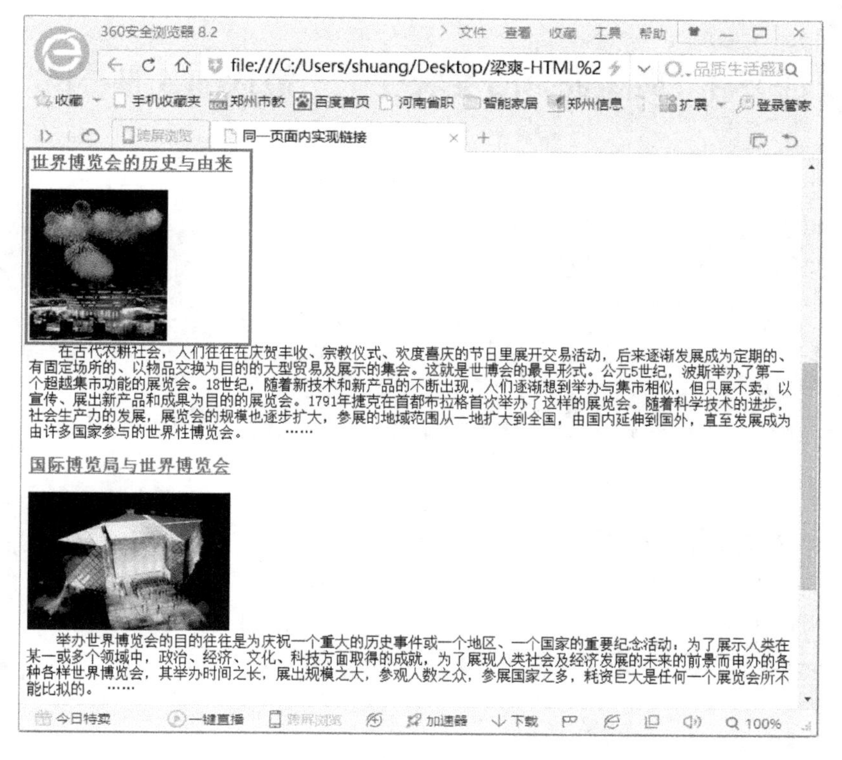

图 6-10

【知识链接】

页面除了和页面之外的文件或者程序链接外，也可以和同一页面中的内容进行链接，这种情况通常用于导航，是为了使浏览页面的人可以直接跳到自己需要的信息板块上。由于是在同一页面内实现链接，也就是说，页面链接的路径就是在同一页面内，所以在HTML语言中使用<a>标签中的“id”属性来确定路径位置。

通过以下两个步骤可以理解这种代码的用法。

（1）要确定链接的锚点对象，不同于页面和外部文件链接的方式在于，链接的路径由于在同一页面内，这里需要使用“#”来引用同一页面中的内容。代码为：

```
<a href=#…>
<a>
```

（2）需要在页面中设定出链接的目标，使用的就是“id”属性。

```
<a id=…>
```

注意，“在同一页面快速查找信息”的简单记忆方法如下：

（1）确定链接的锚点对象（叫名字），使用锚点

```
<a href=#…>
</a>
```

（2）设定出链接的目标（起名字），使用的是id属性。定义锚点

```
<a id=…>
```

任务4　提高页面的美观度——链接的4种样式

【任务目标】

（1）了解链接的4种样式结构。

（2）掌握链接的4种样式的代码表示方法。

（3）掌握链接中的几种属性。

【任务描述】

案例6：制作一个超链接页面，链接到百度，并设置链接的4种样式。

【操作步骤】

（1）打开网页编写环境。

启动DreamWeaver，切换到“代码”窗口。

（2）编写代码。

```
<html>
<head>
<title>链接的四种样式</title>
<style type="text/css">
  a{
     color:#F00;
     text-decoration:none
    }
a:hover
     {
       color:#0F0;
       text-decoration:underline;
     }
a:active
     {
       color:#FC0;
       text-decoration:underline;
      }
a:visited
     {
        color:#666;
        text-decoration:none;
      }
</style>
```

```
</head>

<body>
<a href="http://www.baidu.com">此处链接到百度首页</a>
</body>
</html>
```

（3）保存文件。

文件→保存，文件名为案例 1.html。

（4）运行文件。

在 DW 环境下按 F12 键对网页进浏览，如图 6-11～图 6-14 所示。

- 图 6-11 代表链接还未被访问的状态。
- 图 6-12 代表鼠标滑过链接的状态。
- 图 6-13 代表链接被选中时的状态。
- 图 6-14 代表链接被访问后的状态。

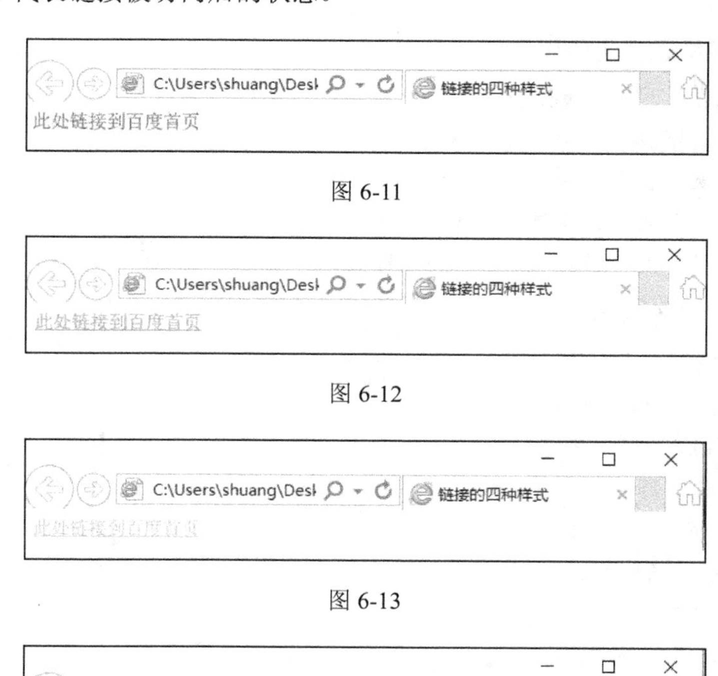

图 6-11

图 6-12

图 6-13

图 6-14

【知识链接】

1．链接的基本样式

在设置了超链接的文本中，链接的内容都带有下画线，浏览过的字体也都是特定的颜色，始终给人千遍一律的感觉，而对于浏览者来说，这是一种不太舒服的感受。为了解决这些问题，使页面展现出亲和力的一面，设计者总是会用一些新颖的方法改变链接的状态。

链接的状态在页面中是很显眼的一部分，起到的作用举足轻重，而链接的样式是可以通过定义来修改的。在修改之前，首先要搞明白链接的过程，一个链接状态可以分解为以下 4 种。

- 链接还未被访问。
- 链接被选中时。
- 鼠标滑过链接。
- 链接被访问后。

使用 HTML 标签属性，通过添加 link、alink 和 vlink 来修改超链接文本的颜色，link 属性修改链接未访问时的文本颜色，alink 属性修改链接被选中时文本的颜色，vlink 属性修改链接被访问后的文本颜色。

2．4 种链接样式的代码表示

（1）链接未被访问：a:link{…}(a)

（2）鼠标滑过链接：a:hover{…}

（3）链接被选中：a:active{…}

（4）链接被访问过：a:visited{…}

注意，链接的 4 种状态需要写入 CSS 样式表中。

3．链接中的几个属性

color：字体颜色

text-decoration：有无下画线

none：无下画线

underline：有下画线

overline：上画线

line-through：中画线

Font-size：字体大小，一般用百分比表示

background：背景颜色

4．CSS 样式表的格式（style 标签）

CSS 样式表使用<style>标签，需要写在<head>标签以内。

```
<head>
  <style type="text/css">
      a{
       ⋮
       }
  </style>
</head>
```

一般设置链接的 4 种样式如下。

字体颜色：color

文本修饰：text-decoration(none, underline, line-through)

例如：

```
a {
    color:red;
    text-decoration:none;
  }
```

5．奇妙特殊的链接方式

除了使用 CSS 可以去除链接默认的下画线外，下面再介绍两种新的方法来改变链接下画线的样式。

首先需要了解两个属性：border-bottom 属性和 padding-bottom 属性。前者指底部边界，后者指底部内边。顾名思义，它们都是用来描述边框性质的属性。我们可以使用边框属性替换掉原来的下画线。

6．热点图像区域的链接

所谓图像热点区域，就是指一个图像中的某一区域，那么热点图像区域的链接自然就是使用这一个区域作为超链接，就好像在一张地图上，以其中某一区域作为超链接。所以，在代码中也用到了一个形象的标签——<map>标签。

<map>标签下，嵌入使用<area>标签表明某一区域，其中有 3 个属性值来确定这个区域，分别是 shape 属性、coords 属性和 href 属性。

- shape 属性：用来确定选区的形状，分别是 rect（矩形）、circle（圆形）和 poly（多边形）。
- coords 属性：用来控制形状的位置，通过坐标来找到这个位置。一般来说，在实际操作中，设计者都会选择借助可视化的编辑页面的软件来实现这一功能，这样就不用在图像上测算具体的坐标值上花费很多心思。
- href 属性：就是超链接。

将这些属性运用在一起，具体代码为：

```
<map id=…>
   <area shape="…" coords="…" href="…">
</map>
```

上 机 练 习

上机案例 1：制作综合链接页面，上机案例 1.html（如图 6-15 所示）和 1.html（如图 6-16 所示）。

图 6-15

请把鼠标指针移动到下面的链接上，看看它们的样式变化。

这个链接改变颜色

这个链接改变字体尺寸

这个链接改变背景色

这个链接改变字体

这个链接改变文本的装饰

图 6-16

【操作步骤】

（1）题目要求。

上机案例 1.html 直接链接到 1.html。

要求通过 1.html 可以利用链接的 4 种样式，实现以下效果：

① 链接改变颜色

② 链接改变字体大小

③ 链接改变背景色

④ 链接改变字体

⑤ 链接改变文本的装饰

（2）打开编辑环境。

启动 DreamWeaver，切换到“代码”窗口。

（3）编写代码。

上机案例 1.html。

```
<html>
<head>
<title>无标题文档</title>
<style type="text/css">
  a{
      color:black;
      text-decoration:none;
      }
```

```
        a:hover
        {
            color:red;
            text-decoration:underline;
            font-size:110%;
            }
        a:active
        {
            background:#FFC;
            text-decoration:none;

            }
            a:visited
            {
                color:#999;
                text-decoration:none;
                }
</style>
</head>
<body>
<a href="http://www.baidu.com">这是一个链接到外网的链接</a><br/>
<a href="1.html">这是一个链接到内部网页的链接</a><Br/>
<a href="mailto:394119031@qq.com?subject=联系我">这是一个邮箱链接</a>
<br/>
<a href="1.html">
   <img src="image/吉祥物.jpg" />
</a><br />
</body>
</html>
```

1.html 的代码：

```
<html>
<head>
<style>
a.one:link {color:#ff0000;}
a.one:visited {color:#0000ff;}
a.one:hover {color:#ffcc00;}
a.two:link {color:#ff0000;}
a.two:visited {color:#0000ff;}
a.two:hover {font-size:150%;}
a.three:link {color:#ff0000;}
a.three:visited {color:#0000ff;}
a.three:hover {background:#66ff66;}
a.four:link {color:#ff0000;}
a.four:visited {color:#0000ff;}
a.four:hover {font-family:'微软雅黑';}
```

```
a.five:link {color:#ff0000;text-decoration:none;}
a.five:visited {color:#0000ff;text-decoration:none;}
a.five:hover {text-decoration:underline;}
</style>
</head>
<body>
<p>请把鼠标指针移动到下面的链接上，看看它们的样式变化。</p>
<p><b><a class="one" href="/index.html" target="_blank">这个链接改变颜色</a></b></p>
<p><b><a class="two" href="/index.html" target="_blank">这个链接改变字体尺寸</a></b></p>
<p><b><a class="three" href="/index.html" target="_blank">这个链接改变背景色</a></b></p>
<p><b><a class="four" href="/index.html" target="_blank">这个链接改变字体</a></b></p>
<p><b><a class="five" href="/index.html" target="_blank">这个链接改变文本的装饰</a></b></p>
</body>
</html>
```

上机案例 2：制作内部链接页面，完成后的效果如图 6-17 和如图 6-18 所示。

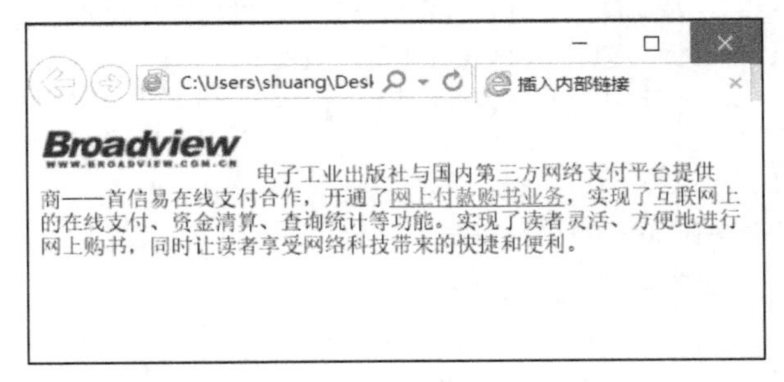

图 6-17

图 6-18

【操作步骤】

（1）打开编辑环境。

启动 DreamWeaver，切换到“代码”窗口。

（2）编写代码。

上机案例 2.html。

```
<html>
<head>
  <title>插入内部链接</title>
</head>
<body>
<img src=" images/ 6-4.jpg" width="150" height="50" border="0" usemap=
"#Map">
<map name="Map">
  <area shape="rect" coords="2,9,149,40" href="http://www.broadview.
  com.cn">
电子工业出版社与国内第三方网络支付平台提供商——首信易在线支付合作，开通了<A
href="web/index.htm">网上付款购书业务</A>，实现了互联网上的在线支付、资金清算、
查询统计等功能。实现了读者灵活、方便地进行网上购书，同时让读者享受网络科技带来的快
捷和便利。
</body>
</html>
```

项目七

制作表格

项目目标

- 掌握创建表格的方法。
- 掌握在表格中插入或删除行和列，以及合并单元格的方法。
- 掌握设置表格和单元格的属性的方法。

项目描述

通过编写一个简单的HTML页面，让学生掌握网页的开发工具。

任务1　创建普通表格

【任务目标】

（1）掌握创建表格标记、行标记、列标记。
（2）掌握表格边框属性的设置。
（3）掌握表格标题的设置。

【任务描述】

案例1：用HTML语言编写一个页面，在网页中插入一个“学生信息表”，用来显示学生的学号、姓名、性别和年龄等。

案例2：用HTML语言编写一个页面，在网页中插入一个“体育项目表”，用来显示参加各体育项目的学生名单。

【操作步骤】

案例1

（1）打开网页编写环境。
启动DreamWeaver，切换到“代码”窗口。

（2）编写代码。

将光标定位在<body>和</body>之间，输入代码：

```
<body>
<table border="1">
<caption>学生信息表</caption>
<font size="6">
<tr>
<td>学号</td>
<td>姓名</td>
<td>性别</td>
<td>年龄</td>
</tr>
<tr >
<td>001</td>
<td>张平</td>
<td>男</td>
<td>16</td>
</tr>
<tr>
<td>002</td>
<td>李丽</td>
<td>女</td>
<td>16</td>
</tr>
<tr>
<td>003</td>
<td>王刚</td>
<td>男</td>
<td>17</td>
</tr>
</font>
</table>
</body>
```

（3）保存文件。

文件→保存，文件名为案例 1.html。

（4）运行文件。

在 DW 环境下按 F12 键对网页进行浏览，如图 7-1 所示。

学生信息表

学号	姓名	性别	年龄
001	张平	男	16
002	李丽	女	16
003	王刚	男	17

图 7-1

案例 2

（1）打开网页编写环境。

启动 DreamWeaver，切换到“代码”窗口。

（2）编写代码。

```
    <body>
<table border="1" align="center" cellpadding="0" cellspacing="0">
<caption>体育项目表</caption>
<font size="6">
<tr>
<th>羽毛球</th>
<th>篮球</th>
<th>足球</th>
<th>乒乓球</th>
</tr>
<tr >
<td>张平</td>
<td>李阳</td>
<td>王刚</td>
<td>刘东</td>
</tr>
<tr>
<td>陈明</td>
<td>张志</td>
<td>王朝</td>
<td>张杨</td>
</tr>
<tr>
<td>刘志国</td>
<td>张海涛</td>
<td>李东梅</td>
<td>王小骨</td>
</tr>
</font>
</table>
</body>
```

（3）保存文件。

文件→保存，文件名为案例 2.html。

（4）运行文件。

在 DW 环境下按 F12 键对网页进行浏览，如图 7-2 所示。

体育项目表

羽毛球	篮球	足球	乒乓球
张平	李阳	王刚	刘东
陈明	张志	王朝	张杨
刘志国	张海涛	李东梅	王小骨

图 7-2

【知识链接】

1. 表格的布局（见图 7-3）

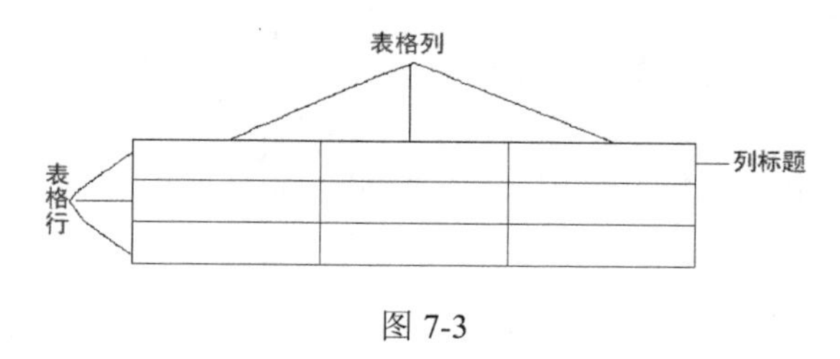

图 7-3

2. 表格的标记

（1）使用〈TABLE>标记可以在 HTML 文档中创建表格。

（2）表格的行标记是使用<TR>定义的。

（3）表格的列标记是使用〈TD〉定义的。

（4）<CAPTION>标记可以给表格添加标题，它放在〈TABLE>标记的后面。

（5）如果要给表格的每一列指定一个列标题，可使用<TH>标记。

3. 表格的基本属性

（1）align 属性用来表示表格的对齐方式，值有 left（左对齐，默认），center（居中）以及 right（右对齐）例如：

```
<TABLE = align = center>
```

（2）border 属性以像素为单位用来设置表格的边框宽度。例如：

```
<TABLE border = 2>
```

（3）height 属性以像素为单位用来设置单元格的高度，width 属性以像素为单位用来设置单元格的宽度。例如：

```
<TD height="100" widht="200">
```

（4）cellpadding 属性以像素为单位用来设置单元格的边距，cellspacing 以像素为单位用来设置单元格的间距。例如：

```
<TABLE cellpadding=0 cellspacing=0>
```

（5）bgcolor 属性用来设置表格的背景色。例如：

```
<TABLE bgcolor="#9900CC">
```

（6）background 属性用来设置表格的背景图片。例如：

```
<TABLE background="images\01.jp">
```

（7）bordercolor 属性用来设置表格的边框色。例如：

```
<TABLE border=2 bordercolor="#0000FF">
```

任务 2　插入或删除行和列的方法

【任务目标】

（1）掌握在表格中插入行或列的方法。

（2）掌握在表格中删除行或列的方法。

【任务描述】

案例 3：打开案例 1 文档，在“学生信息表”中插入一列信息“是否团员”，并添加一行记录。

案例 4：把案例 3 中学号为“003”的记录删除掉。

【操作步骤】

案例 1

（1）打开案例 1。

启动 DreamWeaver，切换到“代码”窗口。

（2）编写代码。

要添加新的行和列，使用<td>和<tr>标记，代码如下：

```
<body>
<table border="1" align="center">
<caption>学生信息表</caption>
<font size="6">
<tr>
<td>学号</td>
<td>姓名</td>
<td>性别</td>
<td>年龄</td>
<td>是否团员</td>
</tr>
<tr >
<td>001</td>
<td>张平</td>
<td>男</td>
<td>16</td>
<td>是</td>
</tr>
<tr>
<td>002</td>
<td>李丽</td>
```

```
<td>女</td>
<td>16</td>
<td>是</td>
</tr>
<tr>
<td>003</td>
<td>王刚</td>
<td>男</td>
<td>17</td>
<td>是</td>
</tr>
<tr>
<td>004</td>
<td>王月梅</td>
<td>女</td>
<td>16</td>
<td>是</td>
</tr>
</font>
</table>
</body>
```

（3）保存文档为案例 3.html。

（4）运行文件。

在 DW 环境下按 F12 键对网页进行浏览，如图 7-4 所示。

学生信息表

学号	姓名	性别	年龄	是否团员
001	张平	男	16	是
002	李丽	女	16	是
003	王刚	男	17	是
004	王月梅	女	16	是

图 7-4

案例 4

（1）打开案例 3。

启动 DreamWeaver，切换到“代码”窗口。

（2）编写代码。

要删除表格的某一行或某一列，只需删除 HTML 源文件中相应的<tr>标记和<td>标记即可，代码如下：

```
<body>
<table border="1" align="center">
<caption>学生信息表</caption>
<font size="6">
<tr>
```

```
<td>学号</td>
<td>姓名</td>
<td>性别</td>
<td>年龄</td>
<td>是否团员</td>
</tr>
<tr >
<td>001</td>
<td>张平</td>
<td>男</td>
<td>16</td>
<td>是</td>
</tr>
<tr>
<td>002</td>
<td>李丽</td>
<td>女</td>
<td>16</td>
<td>是</td>
</tr>
<tr>
<td>004</td>
<td>王月梅</td>
<td>女</td>
<td>16</td>
<td>是</td>
</tr>
</font>
</table>
</body>
```

（3）保存文档为案例 4.html。

（4）运行文件。

在 DW 环境下按 F12 键对网页进行浏览，如图 7-5 所示。

学生信息表

学号	姓名	性别	年龄	是否团员
001	张平	男	16	是
002	李丽	女	16	是
004	王月梅	女	16	是

图 7-5

任务 3　合并单元格

【任务目标】

（1）掌握跨行合并单元格的方法。

（2）掌握跨列合并单元格的方法。

【任务描述】

案例 5：制作一个成绩表，用来显示某一学生两个学期的各科成绩。

案例 6：制作一个产品生产表，用来显示某工厂第一季度的产品生产量。

【操作步骤】

案例 5

（1）打开编辑环境。

启动 DreamWeaver，切换到“代码”窗口。

（2）编写代码。

```
<body>
<table align="center" border="1" cellpadding="0" cellspacing="0">
<caption>成绩表</caption>
<tr>
  <th colspan="3">第一学期</th>
  <th colspan="3">第二学期</th>
</tr>
<tr>
  <td>HTML</td>
  <td>Flash</td>
  <td>photoshop</td>
  <td>数学</td>
  <td>语文</td>
  <td>英语</td>
</tr>
<tr>
  <td>90</td>
  <td>85</td>
  <td>95</td>
  <td>100</td>
  <td>90</td>
  <td>80</td>
</tr>
</table>
</body>
```

（3）保存文件为案例 5.html。

（4）运行文件。

在 DW 环境下按 F12 键对网页进行浏览，如图 7-6 所示。

成绩表

第一学期			第二学期		
HTML	Flash	photoshop	数学	语文	英语
90	85	95	100	90	80

图 7-6

案例 6

（1）打开编辑环境。

启动 DreamWeaver，切换到“代码”窗口。

（2）编写代码。

```
<body>
<table align="center" border="1" cellpadding="0" cellspacing="0">
<caption>产品表</caption>
<tr>
  <th > </th>
  <th> </th>
  <th >螺母</th>
  <th >螺栓</th>
  <th>锤子</th>
</tr>
<tr>
  <td rowspan="3">第一季度</td>
  <td>一月份</td>
  <td>2500</td>
  <td>1000</td>
  <td>1240</td>
 </tr>
<tr>
  <td>二月份</td>
  <td>3500</td>
  <td>2000</td>
  <td>2240</td>
</tr>
<tr>
  <td>三月份</td>
  <td>3600</td>
  <td>2200</td>
  <td>2340</td>
</tr>
</table>
</body>
```

（3）保存文件为案例 6.html。

（4）运行文件。

在 DW 环境下按 F12 键对网页进行浏览，如图 7-7 所示。

<table>
<caption>产品表</caption>
<tr><td></td><td></td><td>螺母</td><td>螺栓</td><td>锤子</td></tr>
<tr><td rowspan="3">第一季度</td><td>一月份</td><td>2500</td><td>1000</td><td>1240</td></tr>
<tr><td>二月份</td><td>3500</td><td>2000</td><td>2240</td></tr>
<tr><td>三月份</td><td>3600</td><td>2200</td><td>2340</td></tr>
</table>

图 7-7

【知识链接】

（1）colspan 属性用于创建跨列合并单元格。例如：

```
<td colspan=2>
```

（2）rowspan 属性用于创建跨行合并单元格。例如：

```
<td rowspan=2>
```

任务 4　设置单元格的格式

【任务目标】

（1）掌握单元格内容水平对齐的方式。

（2）掌握单元格内容垂直对齐的方式。

【任务描述】

案例 7：制作一个体育项目报名表，用来显示每个项目报名的人的名单。

【操作步骤】

（1）打开编辑环境。

启动 DreamWeaver，切换到“代码”窗口。

（2）编写代码。

```
<body>
<table align="center" border="1" cellpadding="0" cellspacing="0">
<caption>体育报名表</caption>
<tr>
<td align="center" valign="bottom" bgcolor="#FFFF00">篮球</td>
<td>张彤<br /> 李明亮</td>
<td valign="top">王晓虹</td>
</tr>
<tr>
<td bgcolor="#FFFF00" align="center" valign="bottom">羽毛球</td>
<td>李冰<br />  张东晓</td>
<td valign="top">刘志明</td>
</tr>
</table>
```

```
</body>
```

（3）保存文件为案例 7.html。

（4）运行文件。

在 DW 环境下按 F12 键对网页进行浏览，如图 7-8 所示。

体育报名表

篮球	张彤 李明亮	王晓虹
羽毛球	李冰 张东晓	刘志明

图 7-8

【知识链接】

创建表格时，可以指定每个单元格内容的文本对齐方式。

（1）align：用来设置表格和单元格中内容的水平对齐方式，其值可以为：

align=“left”　　　左对齐

align=“center”　　居中对齐

align=“right”　　　右对齐

（2）valign：用来设置表格和单元格中内容的垂直对齐方式，其值可以为：

valign=“top”　　　顶部对齐

valign=“bottom”　　底部对齐

valign=“middle”　　中间对齐

上 机 练 习

上机案例 1：制作成绩表格

学生数学成绩

成绩表	姓名	课程	分数
	李丽	数学	80
	张东	数学	92
	王小	数学	88

【操作步骤】

（1）打开编辑环境。

启动 DreamWeaver，切换到“代码”窗口。

（2）编写代码。

```
<body>
<table width="400"border="1"align="center"cellpadding="0"cellspacing=
"0">
```

```
<caption>学生数学成绩</caption>
<tr align="center">
<td  valign="middle" rowspan=4>成绩表</td>
<td>姓名</td>
<td >课程</td>
<td>分数</td>
</tr>
<tr align="center">
<td  >李丽</td>
<td>数学</td>
<td >80</td>
</tr>
<tr align="center">
<td  >张东</td>
<td>数学</td>
<td >90</td>
</tr>
<tr align="center">
<td  >王小</td>
<td>数学</td>
<td >88</td>
</tr>
</table>
</body>
```

上机案例 2：制作个人信息表

<table>
<caption>个人信息表</caption>
<tr><td>姓名</td><td></td><td>性别</td><td></td><td>出生年月</td><td></td><td rowspan="4">照片</td></tr>
<tr><td>专业技术职务</td><td></td><td>任职时间</td><td></td><td>行政职务</td><td></td></tr>
<tr><td>出生地</td><td></td><td>民族</td><td></td><td>党派</td><td></td></tr>
<tr><td>参加工作时间</td><td colspan="3"></td><td>教龄</td><td></td></tr>
</table>

【操作步骤】

（1）打开编辑环境。

启动 DreamWeaver，切换到“代码”窗口。

（2）编写代码。

```
<body>
<table width="600"border="1"align="center"cellpadding="0"cellspacing=
"0">
<caption>个人信息表</caption>
<tr align="center">
<td >姓名</td>
<td>    </td>
<td >性别</td>
```

```
<td>    </td>
<td>出生年月</td>
<td>    </td>
<td rowspan=4 valign="middle"> 照片</td>
</tr>
<tr align="center">
<td >专业技<br>
  术职务</td>
<td>    </td>
<td >任职<br>
  时间</td>
<td>    </td>
<td>行政职务</td>
<td>    </td>
</tr>
<tr align="center">
<td >出生地</td>
<td>    </td>
<td >民族</td>
<td>    </td>
<td>党派</td>
<td>    </td>
</tr>
<tr align="center">
<td >参加工<br />作时间</td>
<td colspan="3"> </td>
<td>教龄</td>
<td>    </td>
</tr>
</table>
</body>
```

上机案例 3：制作产品生产表

产品生产表

产品	一月	二月	三月	四月	五月	六月	七月	八月	九月	十月	十一月	十二月
水笔	1000	1200	1220	1230	1240	1250	1300	1320	1330	1340	1350	1360
铅笔	2000	2200	2300	2400	2500	2600	2700	2800	2900	3000	3100	3200
钢笔	800	900	950	960	970	980	990	1000	1100	1115	1200	1220

【操作步骤】

（1）打开编辑环境。

启动 DreamWeaver，切换到“代码”窗口。

（2）编写代码。

```
<body>
<table  width="600"border="1"align="center"cellpadding="0"cellspacing=
"0">
<caption>产品生产表</caption>
<tr align="center">
<th > </td>
<th colspan="3">第一季度</th>
<th colspan="3">第二季度</th>
<th colspan="3">第三季度</th>
<th colspan="3">第四季度</th>
</tr>
<tr align="center">
<td>产品</td>
<td>一月</td>
<td>二月</td>
<td>三月</td>
<td>四月</td>
<td>五月</td>
<td>六月</td>
<td>七月</td>
<td>八月</td>
<td>九月</td>
<td>十月</td>
<td>十一月</td>
<td>十二月</td>
</tr>
<tr align="center">
<td>水笔</td>
<td>1000</td>
<td>1200</td>
<td>1220</td>
<td>1230</td>
<td>1240</td>
<td>1250</td>
<td>1300</td>
<td>1320</td>
<td>1330</td>
<td>1340</td>
<td>1350</td>
<td>1360</td>
</tr>
<tr align="center">
<td>铅笔</td>
<td>2000</td>
```

```
<td>2200</td>
<td>2300</td>
<td>2400</td>
<td>2500</td>
<td>2600</td>
<td>2700</td>
<td>2800</td>
<td>2900</td>
<td>3000</td>
<td>3100</td>
<td>3200</td>
</tr>
<tr align="center">
<td>钢笔</td>
<td>800</td>
<td>900</td>
<td>950</td>
<td>960</td>
<td>970</td>
<td>980</td>
<td>990</td>
<td>1000</td>
<td>1100</td>
<td>1115</td>
<td>1200</td>
<td>1220</td>
</tr>
</table>
</body>
```

项目八

使用表单制作页面

项目目标

- 理解表单的概念。
- 掌握表单的各个标记在网页中的运用。
- 熟悉使用表单元素制作网页项目。

项目描述

通过编写简单的HTML表单页面，让学生理解并掌握表单的基本标签的使用，并会制作简单的表单页面。

任务1　表 单 概 述

【任务目标】

理解表单的基本概念和在实际网页中的运用。

【知识链接】

表单的基本概念

表单在网页中主要负责数据采集功能。一个表单有三个基本组成部分：

（1）表单标签：这里面包含了处理表单数据所用CGI程序的URL以及数据提交到服务器的方法。

（2）表单域：包含文本框、密码框、隐藏域、多行文本框、复选框、单选框、下拉选择框和文件上传框等。

（3）表单按钮：包括提交按钮、复位按钮和一般按钮，用于将数据传送到服务器上的CGI脚本或者取消输入，还可以用表单按钮来控制其他定义了处理脚本的处理工作。

如图8-1所示为一个表单的范例。

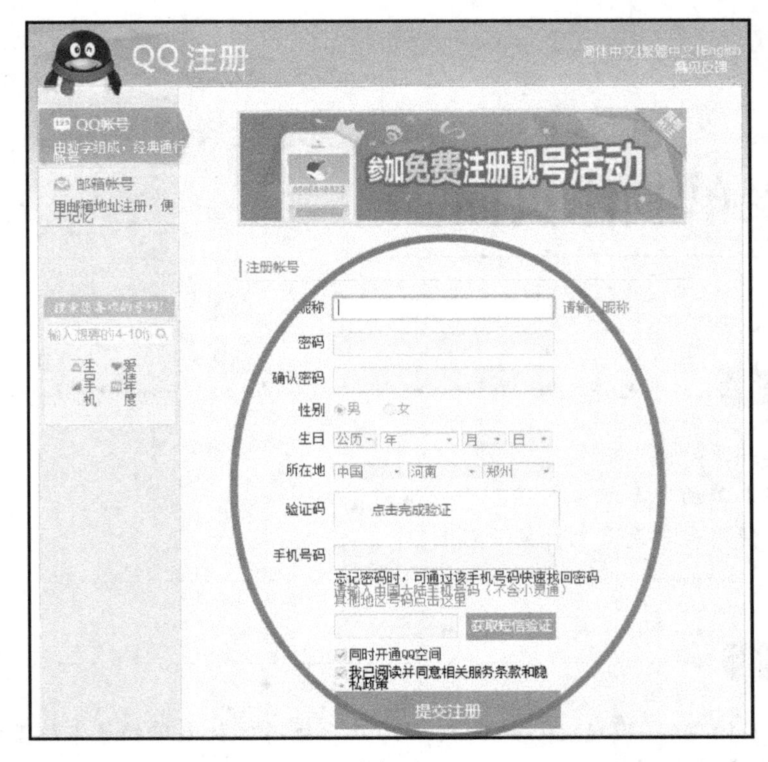

图 8-1

任务 2　在表单中插入表单元素

【任务目标】

（1）掌握表单标记<form>的使用方法。

（2）掌握在表单中插入文本框、密码框等表单元素的方法。

（3）掌握在表单中插入复选框、单选按钮等表单元素的方法。

（4）掌握在表单中插入标准按钮、提交按钮、重置按钮等表单元素的方法。

（5）掌握在表单中插入图像域、文字域、文件域等表单元素的方法。

（6）掌握在表单中插入下拉菜单、列表项等表单元素的方法。

【任务描述】

案例 1：用 HTML 语言编写一个页面，在网页中插入一个表单标记<form>。

案例 2：用 HTML 语言编写一个页面，在网页中插入一个表单，要求显示姓名和密码。

案例 3：用 HTML 语言编写一个页面，在网页中插入一个表单，要求显示学员性别和爱好。

案例 4：用 HTML 语言编写一个页面，在网页中插入一个表单，要求显示标准按钮、提交按钮、重置按钮等表单元素。

案例 5：用 HTML 语言编写一个页面，在网页中插入一个表单，要求显示文件域、文字域和图像域等表单元素。

案例 6：用 HTML 语言编写一个页面，在网页中插入一个表单，要求显示下拉菜单、列表项等表单元素。

案例 7：用 HTML 语言编写一个页面，在网页中插入一个表单，要求分类下拉菜单列表项。

【操作步骤】

案例 1

（1）打开案例 1。

启动 DreamWeaver，切换到“代码”窗口。

（2）编写代码。

```
<html>
<head>
</head>
<body>
<form name="form1" method="post" action="mailto:marker@sina.com.cn" enctype="text/plain" >
</form>
</body>
</html>
```

代码给出了该表单的名称为“form1”，发送方式为“post”，处理程序为“mailto:marker@sina.com.cn”编码方式为“text、plain”

（3）保存文档为案例 1.html。

（4）运行文件。

【知识链接】

表单标记的属性及说明

属　性	说　明
name	表单名称
method	表单的发送方式，可以是“post”或“get”
action	表单处理的程序
enctype	表单的编码方式
target	表单显示目标

案例 2

（1）打开案例 2。

启动 DreamWeaver，切换到“代码”窗口。

（2）编写代码。

将光标定位在<body>和</body>之间，输入代码：

```
<form>
```

用户名：

```
<input name="text" type="text" maxlength="8" size="4" value="1" /></br>
</br>
密 码: <input name="password" type="password" maxlength="8" size=
"4" />
</form>
```

（3）保存文档为案例 2.html。

（4）运行文件。

在 DW 环境下按 F12 键对网页进行浏览，如图 8-2 所示。

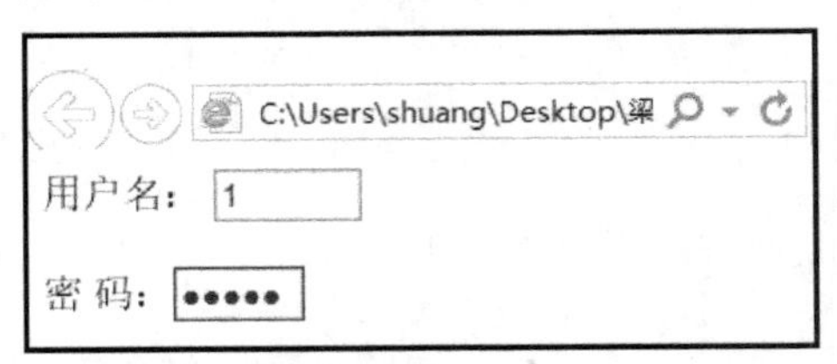

图 8-2

【知识链接】

1．插入文本框——text

<input>标记中的 type 属性值 text 用来表示插入表单中的单行文本框，在此文本框中可以输入任何类型的数据，但输入的数据都将以“单行”的形式显示，不会换行。

基本语法：

```
<input name="text" type="text" maxlength=" " size=" " value=" " />
```

语法说明：

name 属性：此文本框的名字。

type 属性：text，代表单行文本框。

maxlength 属性：最多输入的字符数。

size 属性：空间宽度。

value 属性：默认值。

2．插入密码框——password

<input>标记中的 type 属性值 password 用来表示插入表单中的密码框。在密码框中可以输入任何类型的数据，但输入的数据都将以“小圆点”的形式显示，提高了密码的安全性。

基本语法：

```
<input name="text" type="password" maxlength=" " size=" "/>
```

语法说明：

name 属性：此密码框的名字。

type 属性：password，代表密码框。

maxlength 属性：最多输入的字符数。

size 属性：空间宽度。

案例 3

（1）打开案例 3。

启动 DreamWeaver，切换到“代码”窗口。

（2）编写代码。

将光标定位在<body>和</body>之间，输入代码：

```
<form>
```

性别：

```
<input name="sex" type="radio" value="nan" checked="checked" />男
<input name="sex" type="radio" value="nv"  />女<br />
```

兴趣：

```
<input  name="hobby"type="checkbox"value="football"checked="checked"/>
足球
<input name="hobby" type="checkbox" value="basketball" />篮球
<input name="hobby" type="checkbox" value="dancing"/>跳舞
<input name="hobby" type="checkbox" value="swim" />游泳
</form>
```

（3）保存文档为案例 3.html。

（4）运行文件。

在 DW 环境下按 F12 键对网页进行浏览，如图 8-3 所示。

图 8-3

【知识链接】

1．输入单选框——radio

<input>标记中的 type 属性值 radio 用来插入表单中的单选按钮，也是一种选择性的按钮，在选中状态时，按钮中心会出现一个小圆点。

基本语法：

```
<input name=" " type="radio" value=" " checked="checked" />
```

语法说明：

name 属性：此单选按钮的名字。

type 属性：radio，代表单选按钮。

value 属性：默认值。

checked 属性：如果为 checked，则默认情况下选中。

2．输入复选框——checkbox

<input>标记中的 type 属性值 checkbox 用来插入表单中的复选框，也是一种选择性的按钮，在选中状态时，按钮中心出现对号，用户可以根据网页中的复选框进行多项选择。

基本语法：

```
<input name=" " type="checkbox" value=" " id=" " checked="checked" />
```

语法说明：

name 属性：此单选按钮的名字。

type 属性：checkbox，代表复选框。

value 属性：默认值。

id 属性：为可选项。

checked 属性：如果为 checked，则默认情况下选中。

案例 4

（1）打开案例 4。

启动 DreamWeaver，切换到“代码”窗口。

（2）编写代码。

将光标定位在<body>和</body>之间，输入代码：

```
<form>
    <input type="button" name="button" id="" value="确定按钮" />
    <input type="submit" name="submit" id="" value="提交按钮">
    <input type="reset" name="reset" id="" value="重置按钮">
</form>
```

（3）保存文档为案例 4.html。

（4）运行文件。

在 DW 环境下按 F12 键对网页进行浏览，如图 8-4 所示。

图 8-4

【知识链接】

1．插入确定按钮——button

<input>标记中的 type 属性值 button 用来插入表单中的标准按钮，其中标准按钮的“value”属性的值可以根据网页制作者的需要任意设置。

基本语法：

```
<input name=" " type="button" value="确定" id=" " />
```

语法说明：

name 属性：此按钮的名字。

type 属性：button，代表标准按钮。

value 属性：此按钮的默认值。

2．插入提交按钮——submit

<input>标记中的 type 属性值 submit 用来插入表单中的提交按钮，当用户填写完表单后，需要有一个提交信息的动作，因此要使用表单中的提交按钮。

基本语法：

```
<input name=" " type="submit" value="提交" id=" " />
```

语法说明：

name 属性：此按钮的名字。

type 属性：submit，代表提交按钮。

value 属性：此按钮的默认值。

3．插入重置按钮——reset

<input>标记中的 type 属性值 reset 用来插入表单中的重置按钮，当用户填写完表单，并且对自己填过的信息不满意时，可以使用重置按钮，重新输入信息。

基本语法：

```
<input name=" " type="reset" value="重置" id=" " />
```

语法说明：

name 属性：此按钮的名字。

type 属性：reset，代表重置按钮。

value 属性：此按钮的默认值。

案例 5

（1）打开案例 5。

启动 DreamWeaver，切换到“代码”窗口。

（2）编写代码。

将光标定位在<body>和</body>之间，输入代码：

```
<form>
  <input type="file" name="file"><br/><br/>
  <input type="image" name="image" src="images/A.jpg" height="77"
    width="83" border="0"><br/><br/>
  <textarea name="text" rows="3" cols="30" id="" wrap="">
  </textarea>
</form>
```

（3）保存文档为案例 5.html。

（4）运行文件。

在 DW 环境下按 F12 键对网页进行浏览，如图 8-5 所示。点击文件域中的“浏览”按钮，如图 8-6 所示。

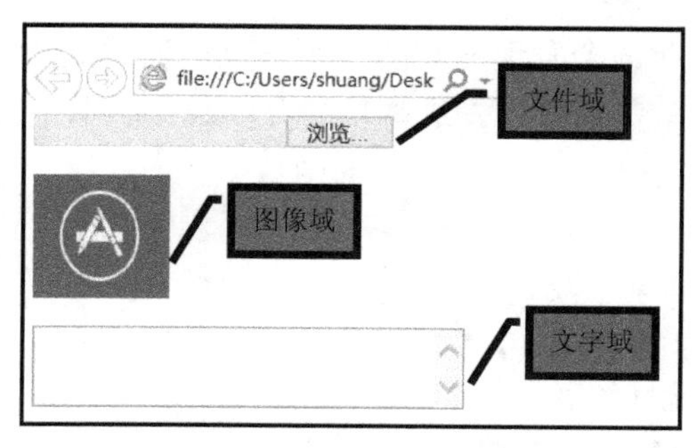

图 8-5

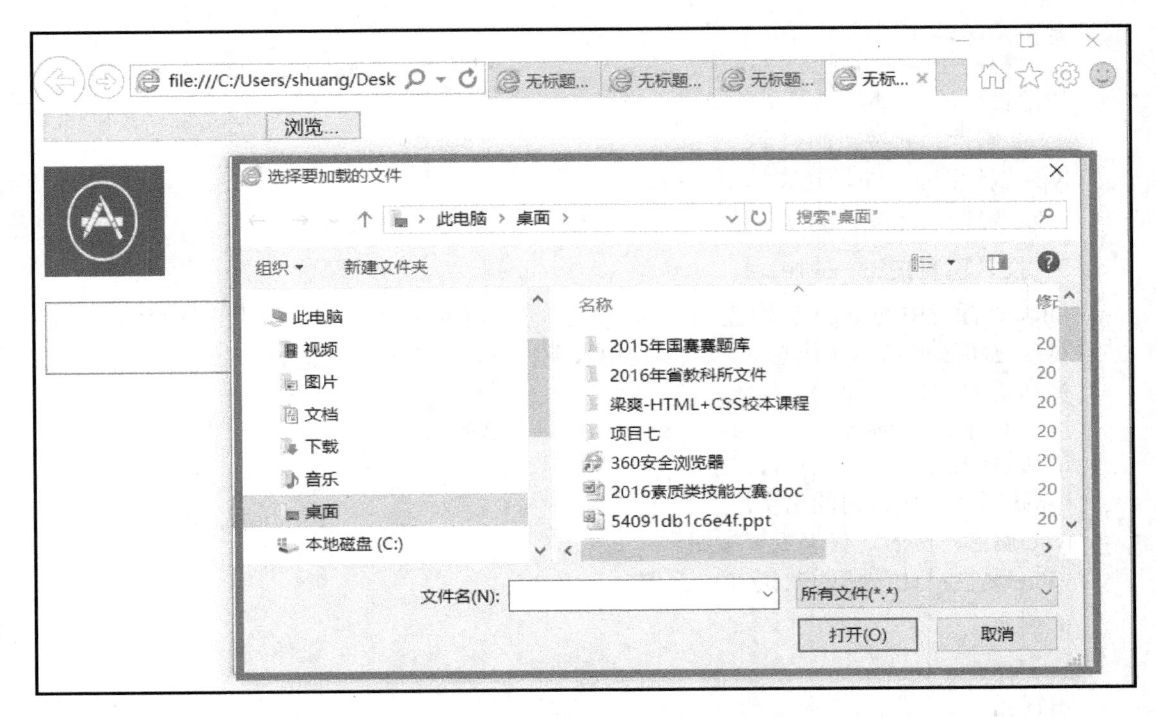

图 8-6

【知识链接】

1. 插入文件域——file

<input>标记中的 type 属性值 file 用来插入表单中的文件域，在文件域中可以添加整个文件。例如，需要发送邮件添加文件时，添加附件都需要使用文件域来完成。

基本语法：

```
<input name="file" type="file" />
```

语法说明：

name 属性：此文件域的名字。

type 属性：file，代表此为表单中的文件域。

2. 插入图像域——image

有时用户在浏览网页时，会发现网站的按钮不是普通样式的按钮，而是一张图片制作的提交或者重置按钮，非常美观大方。这些功能可以根据表单中的图像域来完成，<input>标记中的 type 属性值 image 用来插入表单中的图像域。

基本语法：

```
<input name="image"type="image"src="url"width=""height=""border=""/>
```

语法说明：

name 属性：此图像域的名字。

type 属性：image，代表此为表单中的图像域。

src 属性：图像的来源路径。

width 属性：图像的宽度。

height 属性：图像的高度。

border 属性：图像的边框。

3. 插入文字域——textarea

用户有时需要一个多行的文字域，用来输入更多的文字信息，行间可以换行，并将这些信息作为表单元素的值提交到服务器。

基本语法：

```
<textarea name="text" rows="" cols="" wrap="" id="" />
</textarea>
```

语法说明：

name 属性：此文字域的名字。

rows 属性：文字域的行数。

cols 属性：文字域的列数。

wrap 属性和 id 属性：可选属性。

案例 6

（1）打开案例 6。

启动 DreamWeaver，切换到“代码”窗口。

（2）编写代码。

将光标定位在<body>和</body>之间，输入代码：

```
<form action="..." method="post">
        地址：
    <select name="上海">
    <option>黄浦区</option>
    <option>虹口区</option>
    <option>静安区</option>
    <option>长宁区</option>
    <option>杨浦区</option>
    <option selected="selected">宝山区</option>
    <option>浦东新区</option>
    <option>徐汇区</option>
    <option>普陀区</option>
    </select>
</form>
```

（3）保存文档为案例 6.html。

（4）运行文件。

在 DW 环境下按 F12 键对网页进行浏览，如图 8-7 所示。

图 8-7

【知识链接】

插入下拉菜单<select>和列表项<option>

在 HTML 文件中，使用<select>和<option>可以实现下拉菜单和列表项。

基本语法：

```
<form>
    <select name="..." size="...">
        <option value="..." selected = "selected">
        <option value="...">
        ⋮
        <option value="...">
    </select>
</form>
```

语法说明：

<select>对象的表单将创建出一个列表样式的表单，显示为出现一个下拉框，使用户可以方便地选择其中的一个目录。

name 属性：菜单名称。

size 属性：菜单显示的行数。

<option>标签：定义可供选择的每一项。

value 属性：下拉菜单的列表项名称。

selected 属性：定义首选项。

案例 7

（1）打开案例 7。

启动 DreamWeaver，切换到“代码”窗口。

（2）编写代码。

将光标定位在<body>和</body>之间，输入代码：

```
<form action="..." method="post">
        地址:
    <select name="中国" >
   <optgroup label="北京">
    <option>东城区</option>
    <option>西城区</option>
```

```
<option>海淀区</option>
</optgroup>
<optgroup label="上海">
<option>长宁区</option>
<option>杨浦区</option>
<option selected="selected">宝山区</option>
<option>浦东新区</option>
<option>徐汇区</option>
<option>普陀区</option>
</optgroup>
</select>
</form>
```

（3）保存文档为案例 7.html。

（4）运行文件。

在 DW 环境下按 F12 键对网页进行浏览，如图 8-8 所示。

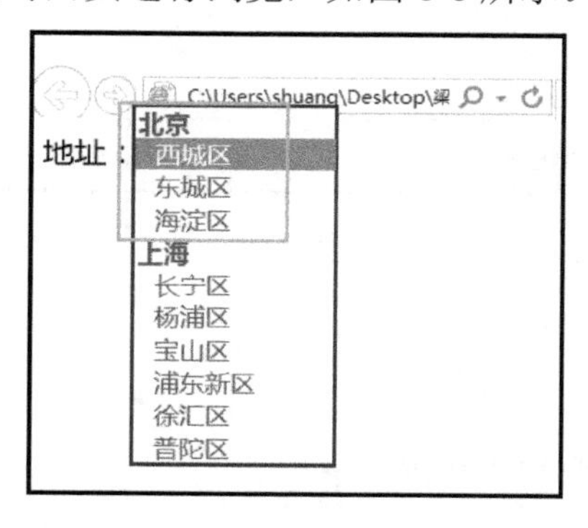

图 8-8

【知识链接】

如果下拉列表框的选项太多，可以使用<optgroup>标签配合 label 属性来给选项分类。

基本语法：

```
<form>
    <select name="..." size="...">
        <optgroup label="… ">
            <option value="...">
            <option value="...">
        </optgroup>
⋮
        <optgroup label="… ">
            <option value="...">
            <option value="...">
        </optgroup>
    </select>
</form>
```

分类下拉菜单列表项

上 机 练 习

上机案例 1：制作综合表单页面，如图 8-9 所示。

姓名：
性别： 男 女
年龄：
15-20岁
20-30岁
30-40岁
40岁以上
上传个人简介 浏览...
详细说明
职业： 其他职业

图 8-9

【操作步骤】

（1）打开编辑环境。

启动 DreamWeaver，切换到“代码”窗口。

（2）编写代码。

```
<body>
<p>姓名：
  <input name="name" type="text" size="20" maxlength="12">
  <br/>
  性别：
  <input name="sex" type="radio" value="male" checked="checked">男
<input name="sex" type="radio" value="female" >女<br/>
  年龄：<br/>
  <input name="age1" type="checkbox" checked="checked">15-20 岁<br/>
  <input name="age2" type="checkbox" >20-30 岁<br/>
  <input name="age3" type="checkbox" >
  30-40 岁<br/>
<input name="age4" type="checkbox" >
40 岁以上</p>
<p>上传个人简介
  <input type="file" name="uploadfile" id="uploadfile">
</p>
<p>详细说明<textarea name="some"rows="10"cols="50"value="say"></texta-
```

```
rea></p>
<p>职业：<select name="职业">
<option>教师</option>
<option>工程师</option>
<option>医生</option>
<option selected="selected">其他职业</option>
</select>
</p>
</body>
```

上机案例 2：制作志愿者报名表，如图 8-10 所示。

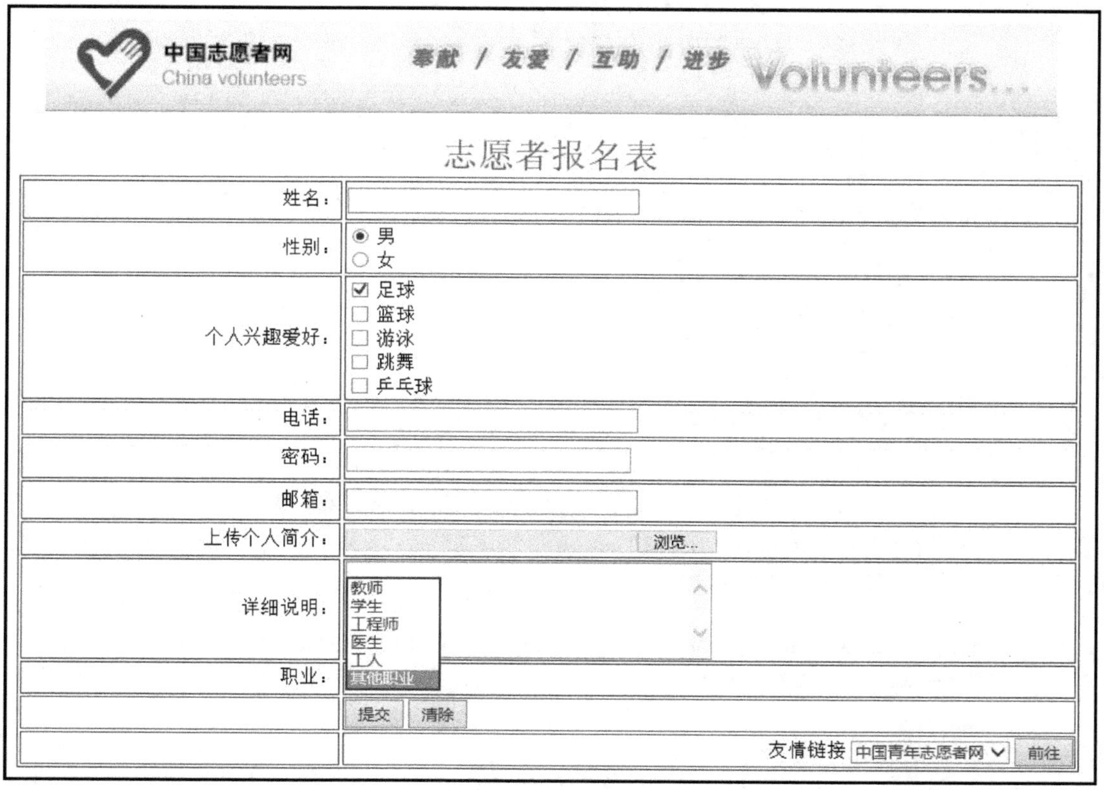

图 8-10

【操作步骤】

（1）打开编辑环境。

启动 DreamWeaver，切换到“代码”窗口。

（2）编写代码。

```
<body>
<h2 align="center"><img src="image/志愿者.JPG"width="836"height="78"/>
</h2>
```

```
<table width="879" border="1" align="center">
   <caption>志愿者报名表</caption>
  <tr>
    <td width="261" height="34"><div align="right">姓名：</div></td>
    <td width="603"><label for="name"></label>
      <div align="left">
        <input name="name" type="text" id="name" size="35" />
    </div></td>
  </tr>
  <tr>
    <td><div align="right">性别：</div></td>
    <td><form id="form1" name="form1" method="post" action="">
      <div align="left">
        <input name="sex" type="radio" id="radio" value="nan" checked=
        "checked" />
        男
        </div>
      <label for="sex"></label>
      <div align="left">
        <input name="sex" type="radio" id="radio2" value="nv" />
        女
        </div>
    </form></td>
  </tr>
  <tr>
    <td><div align="right">个人兴趣爱好：</div></td>
    <td><form id="form2" name="form2" method="post" action="">
      <p align="left">
        <label>
<input name="hobby"type="checkbox"id="hobby"value="football" checked=
"checked" />足球</label>
        <br />
        <label>
          <input name="hobby" type="checkbox" id="hobby" value="baske-
          tball" />篮球
        </label>
        <br />
        <label>
          <input name="hobby" type="checkbox" id="hobby" value="swimm-
          ing" />游泳</label>
        <br />
        <label>
          <input name="hobby" type="checkbox" id="hobby" value="danc-
          ing" />跳舞
        </label>
```

```
        <br />
        <label>
          <input type="checkbox"name="hobby"id="hobby"/>乒乓球</label>
        <br />
        </p>
    </form></td>
  </tr>
  <tr>
    <td height="28"><div align="right">电话：</div></td>
    <td><form id="form3" name="form3" method="post" action="">
      <label for="telephone"></label>
      <div align="left">
        <input name="telephone"type="text"id="telephone" size="35" />
        </div>
    </form></td>
  </tr>
  <tr>
    <td height="35"><div align="right">密码：</div></td>
    <td><div align="left">
      <input name="address" type="password" id="address" size="35" />
    </div></td>
  </tr>
  <tr>
    <td height="33"><div align="right">邮箱：</div></td>
    <td><div align="left">
      <input name="address2" type="text" id="address2" size="35" />
    </div></td>
  </tr>
  <tr>
    <td height="28"><div align="right">上传个人简介：</div></td>
    <td><form id="form4" name="form4" enctype="multipart/form-data"
    method="post" action="">
      <label for="introduce"></label>
      <div align="left">
        <input name="introduce"type="file"id="introduce" size="35" />
        </div>
    </form></td>
  </tr>
  <tr>
    <td><div align="right">详细说明：</div></td>
    <td><form id="form5" name="form5" method="post" action="">
      <label for="textarea"></label>
      <div align="left">
        <textarea name="textarea" id="textarea" cols="35" rows="5">
        </textarea>
```

```
        </div>
      </form></td>
    </tr>
    <tr>
      <td height="28"><div align="right">职业：</div></td>
      <td><div align="left">
        <select name="select" id="select">
          <option value="教师">教师</option>
          <option value="学生">学生</option>
          <option value="工程师">工程师</option>
          <option value="医生">医生</option>
          <option value="工人">工人</option>
          <option value="其他职业" selected="selected">其他职业</option>
        </select>
      </div></td>
    </tr>
    <tr>
      <td> </td>
      <td><div align="left">
        <input type="submit" name="button" id="button" value="提交" />
        <input type="reset" name="button2" id="button2" value="清除" />
      </div></td>
    </tr>
    <tr>
      <td><div align="right"></div></td>
      <td><form id="form6" name="form6" method="post" action="">
        <label for="select"></label>
        <div align="right">友情链接
          <select name="jumpMenu" id="jumpMenu">
            <option  value="http://www.zgzyz.org.cn/">中国青年志愿者网
            </option>
            <option value="http://old.zgzyz.org.cn/volunteer/index.html">
            中国志愿者网</option>
          </select>
          <input type="button" name="go_button" id= "go_button" value="
          前往" onClick="MM_jumpMenuGo('jumpMenu','parent',0)" />
          </div>
      </form></td>
    </tr>
  </table>
</div>
</body>
```

项目九

框架的制作

- 理解框架的概念和基本结构。
- 掌握框架的各个属性在网页中的运用。
- 掌握在框架上建立链接的方法。
- 熟悉使用浮动框架制作网页。

通过编写简单的HTML框架页面，让学生能够理解并掌握框架的基本标签的使用以及框架各个属性在网页中的运用和利用浮动框架制作网页的方法。

任务1　框架的概念

【任务目标】

理解框架的基本概念和在实际网页中的运用范围。

【知识链接】

1．框架的基本概念

框架是一种在一个网页中显示多个页面的技术，通过超链接可以为框架之间建立内容之间的联系，从而实现页面导航的功能。

框架的作用是在一个浏览器窗口中显示多个网页，每个区域显示的网页内容也可以不同，它的这个特点在“厂”字形的网页中使用极为广泛，如图9-1所示。

2．框架的基本结构

框架的基本结构由框架集和框架两部分构成。

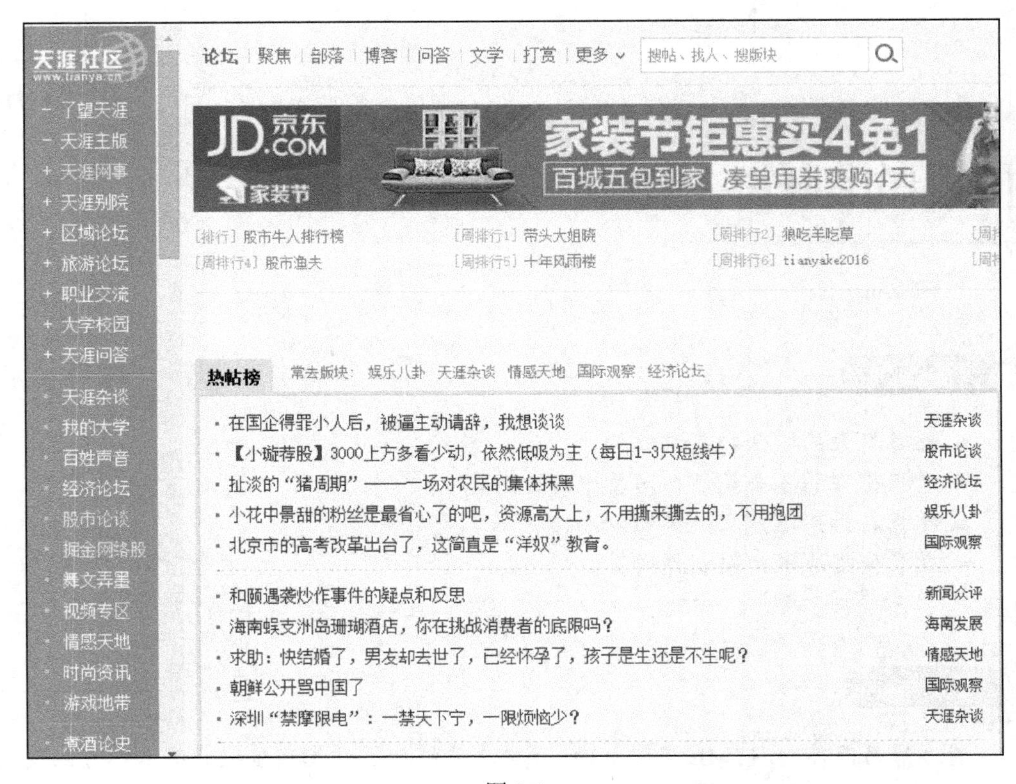

图 9-1

框架集<frameset>：一个网页文件中定义一组框架结构，包括定义一个窗口中显示的框架数、框架的尺寸及框架中载入的内容。

框架<frame>：在网页文件上定义的一个显示区域。

基本语法：

```
<html>
    <head>
      <title>框架的基本结构</title>
    </head>
    <frameset>
      <frame>
      <frame>
    </frameset>
</html>
```

语法说明：

在框架中，<body>标签被<frameset>标签取代，利用<frame>标记来定义框架结构。

常见的分割方式：

（1）左右分割。

（2）上下分割。

（3）嵌套分割。

任务 2　框架的使用

【任务目标】

（1）掌握设置框架集<frameset>的宽度、高度、左右分割、上下分割等方法。

（2）掌握设置框架<frame>源文件、框架名称、框架边框、框架滚动条、框架宽度/高度的方法。

【任务描述】

案例 1：用 HTML 语言编写页面，在同一个页面中，同时显示“百度”和“腾讯”两个页面。

案例 2：将案例 1 中的两个页面竖向显示在同一个页面中。

案例 3：给案例 1 中的框架页面添加框架名称，设置框架边框，显示框架滚动条，设置框架边缘宽度和高度。

【操作步骤】

案例 1

（1）打开案例 1。

启动 DreamWeaver，切换到“代码”窗口。

（2）编写代码。

```
<html>
<head>
<title>框架的基本结构</title>
</head>
<frameset rows="*,*" cols="380,*">
  <frame src="http://www.baidu.com.cn">
  <frame src="http://www.sohu.com">
</frameset>
</html>
```

（3）保存文件。

文件→保存，文件名为案例 1.html。

（4）运行文件

在 DW 环境下按 F12 键对网页进行浏览，如图 9-2 所示。

案例 2

（1）打开案例 2。

启动 DreamWeaver，切换到“代码”窗口。

图 9-2

（2）编写代码。

```
<html>
<head>
<title>框架的基本结构</title>
</head>
<frameset rows="*,*" cols="380,*">
  <frame src="http://www.baidu.com.cn">
  <frame src="http://www.sohu.com">
</frameset>
</html>
```

（3）保存文件。

文件→保存，文件名为案例 2.html。

（4）运行文件。

在 DW 环境下按 F12 键对网页进行浏览，如图 9-3 所示。

【知识链接】

1．竖向分割页面

语法结构：

```
<frameset  cols="…, …, …">
     <frame src="…">
     <frame src="…">
      ⋮
     <frame src="…">
</frameset>
```

图 9-3

2．横向分割页面

语法结构：

```
<frameset  rows="…,…,…">
    <frame src="…">
    <frame src="…">
    ⋮
    <frame src="…">
</frameset>
```

案例 3

（1）打开案例 3。

启动 DreamWeaver，切换到“代码”窗口。

（2）编写代码。

```
<html>
<head>
  <title>设置框架滚动条</title>
</head>
 <frameset cols="380*,380*">
  <frame src="http://www.baidu.com.cn" scrolling="yes" name="up" frameborder="1">
  <frame  src="http://www.sohu.com"  scrolling="no"  name="down"  frameborder="0">
</frameset>
</html>
```

（3）保存文件。

文件→保存，文件名为案例 3.html。

（4）运行文件。

在 DW 环境下按 F12 键对网页进行浏览，如图 9-4 所示。

图 9-4

【知识链接】

1. 显示框架滚动条——scrolling

基本语法：

```
<frameset>
   <frame src="…" scrolling="yes/no/auto" >
   <frame src="…" scrolling="yes/no/auto" >
   ⋮
   <frame src="…" scrolling="yes/no/auto" >
</frameset>
```

2. 设置框架边框——frameborder

基本语法：

```
<frameset>
   <frame src="…" frameborder="1/0">
   <frame src="…" frameborder="1/0">
   ⋮
   <frame src="…" frameborder="1/0">
</frameset>
```

3. 设置框架边缘宽度与高度——marginwidth 与 marginheight

基本语法：

```
<frameset>
  <frame src="…" marginwidth="value" marginheight="value">
    <frame src="…" >
  ⋮
  </frameset>
```

任务3 浮动框架

【任务目标】

（1）理解浮动框架的概念和适用场合。

（2）学会使用<iframe>标签制作浮动框架。

（3）能够说出<iframe>标签中每个属性的含义和作用。

【任务描述】

案例 4：利用 HTML 语言中的浮动框架技术，制作本班学雷锋活动相册。

【操作步骤】

（1）打开案例 4。

启动 DreamWeaver，切换到“代码”窗口。

（2）编写代码。

```
<html>
<head>
<title>无标题文档</title>
<style type="text/css">
.style1 {
    font-family: "楷体_GB2312";
    font-size: 32px;
    font-weight: bold;
    color: #FFF;
    text-align: center;
}
.style2 {
    font-family: "楷体_GB2312";
    font-size: 20px;
    font-weight: bold;
    color: #FFF;
}
</style>
</head>
```

```
<body bgcolor="#000000">
<p class="style1">大专 114 班&quot;学雷锋活动&quot;相册</p>
<table width="777" border="0" align="center">
  <tr>
    <td width="612" align="center" valign="middle"><iframe src="1.html"
    frameborder="0" width="580" height="430" name="me"></iframe></td>
    <td width="155"><p class="style2"> </p>
      <p class="style2">相册介绍：</p>
      <p class="style2">为响应每年的三月学校学雷锋活动。</p>
      <p class="style2">大专 114 班全体学生利用周日进行了学雷锋活动。</p>
      <p class="style2">虽然利用周末时间，但是大家都很开心。</p>
      <p class="style2">我们体会到了劳动的快乐。</p>
      <p> </p>
    <p> </p></td>
  </tr>
</table>
<table width="800" border="0" align="center">
  <tr>
    <td><a href="1.html" target="me"><img src="images/s/1.jpg" width=
    "100" height="75" /></a></td>
    <td><a href="2.html" target="me"><img src="images/s/2.jpg" width=
    "100" height="75" /></a></td>
    <td><a href="3.html" target="me"><img src="images/s/3.jpg" width=
    "100" height="75" /></a></td>
    <td><a href="4.html" target="me"><img src="images/s/4.jpg" width=
    "100" height="75" /></a></td>
    <td><a href="5.html" target="me"><img src="images/s/5.jpg" width=
    "100" height="75" /></a></td>
    <td><a href="6.html" target="me"><img src="images/s/6.jpg" width=
    "100" height="75" /></a></td>
    <td><a href="7.html" target="me"><img src="images/s/7.jpg" width=
    "100" height="75" /></a></td>
    <td><a href="8.html" target="me"><img src="images/s/8.jpg" width=
    "100" height="75" /></a></td>
  </tr>
</table>
</body>
</html>
```

（3）保存文档为案例 4.html。

（4）运行文件。

在 DW 环境下按 F12 键对网页进行浏览，如图 9-5 所示。

图 9-5

（5）打开 1.html。

启动 DreamWeaver，切换到“代码”窗口。

（6）编写代码。

```
<html>
<head>
<title>无标题文档</title>
</head>
<body>
<div align="center"><img src="images/1.jpg"width="550"height="380"/>
</div>
</body>
</html>
```

（7）保存文档为 1.html。

（8）运行文件，如图 9-6 所示。

图 9-6

（9）剩下的几个页面都按照 1.html 来完成，选取素材中的大图片，单独制作页面。

【知识链接】

1．什么是浮动框架

浮动框架（floating frame）是一种特殊的框架技术，可以轻松实现页面的导航。

好处：

（1）整个页面不需要拆分框架。

（2）页面中只有一部分为浮动的框架，便于用户使用表格或 div+css 样式布局整个页面。

2．基本语法

浮动框架：<iframe>标签

```
<iframe src="…" frameborder="0/1" height="…" width="…" scrolling="yes/
  no/auto" name="…">
⋮
</iframe>
```

【属性介绍】

src 属性：网页链接地址。

frameborder 属性：框架边框，0 代表“无边框”，1 代表“有边框”。

height 属性：浮动框架高度。

width 属性：浮动框架高度。

scrolling 属性：是否有滚动条。no 表示无滚动，yes 表示有滚动，auto 表示自动。

name 属性：为浮动框架“起名字”。

上 机 练 习

上机案例 1：利用浮动框架，制作我的个人首页，如图 9-7、图 9-8 和图 9-9 所示。

图 9-7

图 9-8

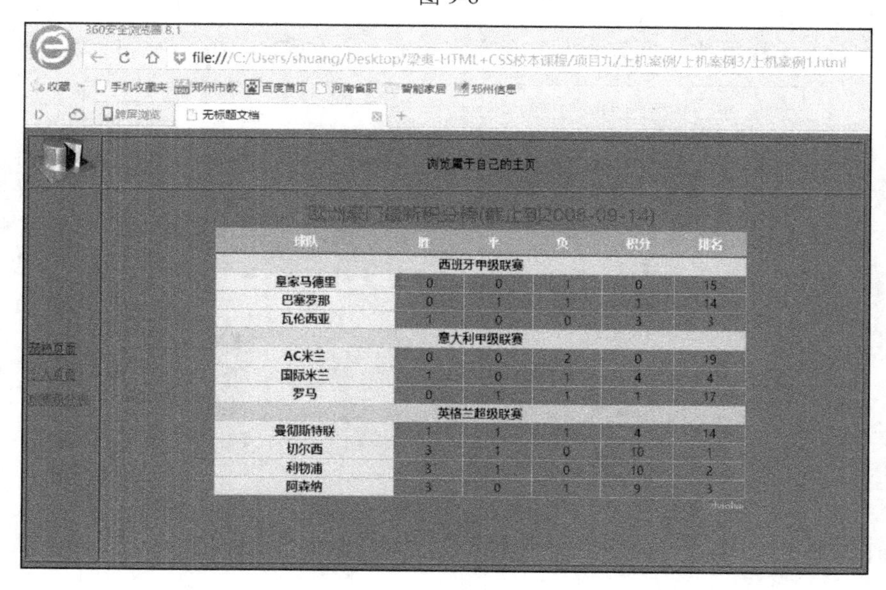

图 9-9

【操作步骤】

（1）打开编辑环境。

启动 DreamWeaver，切换到“代码”窗口。

（2）编写代码。

```
<html>
<head>
<title>无标题文档</title>
</head>
<body bgcolor="#666666">
<table width="600" border="1">
```

```
    <tr>
      <td width="66"><img src="image/Glass.png" width="90" height="64"/>
      </td>
      <td width="518"><div align="center">浏览属于自己的主页</div></td>
    </tr>
    <tr>
      <td><p><a href="我的宠物.html" target="one">宠物页面</a></p>
      <p><a href="我的博客帮.html" target="one">个人页面</a></p>
      <p><a href="制定积分表.html" target="one">球赛积分表</a></p></td>
      <td><iframe frameborder="0" height="500" scrolling="yes" width=
      "1000"
  name="one"> </iframe></td>
    </tr>
  </table>
  </body>
  </html>
```

上机案例 2：利用浮动框架，制作外部链接页面，如图 9-10、图 9-11 和图 9-12 所示。

图 9-10

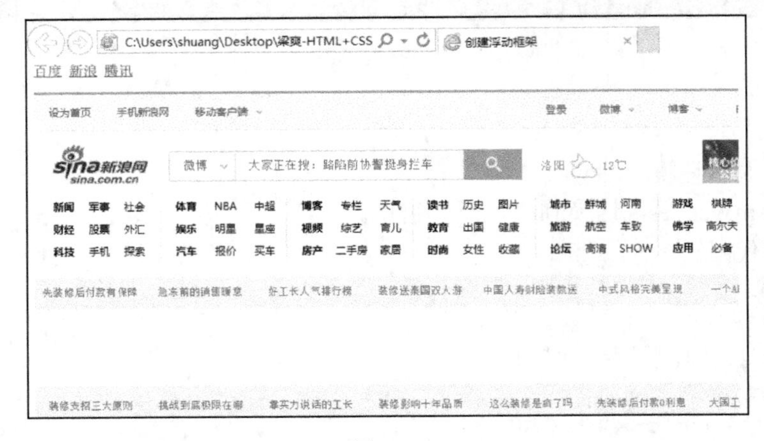

图 9-11

图 9-12

【操作步骤】

（1）打开编辑环境。

启动 DreamWeaver，切换到“代码”窗口。

（2）编写代码。

```
<html>
<head>
<title>创建浮动框架</title>
</head>
<body>
<a href="http://www.baidu.com.cn" target="three">百度</a>
<a href="http://www.sina.com.cn" target="three">新浪</a>
<a href="http://www.qq.com" target="three">腾讯</a>
<p>
<iframe width="800" height="400"
  frameborder=0 scrolling="no"
  align="left" name="three">
</body>
</html>
```

项目十

层叠样式表

- 了解什么是 DHTML。
- 理解什么是 CSS。
- 掌握样式表中属性的设置。
- 掌握样式表中选择器的使用。
- 了解行内样式表、嵌入样式表和外部样式表的使用。

通过 3 个项目的制作，让学生掌握样式表中属性的设置与样式表中选择器的使用。

任务 1　制作带有 CSS 样式的网页

【任务目标】

（1）掌握样式表中属性的设置。

（2）掌握样式规则的定义。

【任务描述】

案例 1：在 HTML 文档中嵌入样式表，重新定义 H2 标记的样式。

案例 2：在 HTML 文档中嵌入样式表，重新定义表单边框的样式。

案例 3：在 HTML 文档中嵌入样式表，重新定义导航栏的有序列表和无序列表。

【操作步骤】

案例 1

（1）打开网页编写环境。

启动 DreamWeaver，切换到“代码”窗口。

（2）编写代码。

将光标定位在</head>之前，编写如下代码：

```
<style type="text/css">
h2{color:#00F;
   font-size:36px;}
</style>
</head>
<body>
<h2>这是使用了 CSS 样式的文本</h2>
<h1>这是没有使用 CSS 样式的文本</h1>
</body>
</html>
```

（3）保存文件。

文件→保存，文件名为案例 1.html。

（4）运行文件。

在 DW 环境下按 F12 键对网页进行浏览，如图 10-1 所示。

图 10-1

案例 2

（1）打开网页编写环境。

启动 DreamWeaver，打开“案例 2\案例 2 素材”切换到“代码”窗口。

（2）编写代码。

将光标定位在</head>之前，编写如下代码：

```
<style type="text/css">
input{border-color:#00F;
      border-width:thick;}
</style>
</head>
```

（3）保存文件。

文件→保存，将文件保存为“案例 2\案例 2 结果.html”。

（4）运行文件。

在 DW 环境下按 F12 键对网页进行浏览，如图 10-2 所示。

图 10-2

案例 3

（1）打开网页编写环境。

启动 DreamWeaver，新建文档。

（2）编写代码。

将光标定位在</head>之前，编写如下代码：

```
<style type="text/css">
#header ul{
    list-style:none; //去除导航栏的列表符号
    padding:0;  //定位页面的位置
    margin:0;}
#header li{
    display:inline; //以行内形式展示列表
    border:solid;
    border-width:1px 1px 0 1 px;
    margin:0 0.5em 0 0;
    }
#header li a{
    padding:0 1em;
}
#content{border:1px solid;
}
</style>
```

将光标定位在<body>和</body>之间编写如下代码：

```
<body>
<div id="header">
```

```
<h1>导航栏</h1>
<ul>
<li><a href="#">目录 1</a></li>
<li><a href="#">目录 2</a></li>
<li><a href="#">目录 3</a></li>
<li><a href="#">目录 4</a></li>
</ul>
</div>
<div id="content">
<p> 使用C S S修饰导航栏</p>
</div>
</body>
```

（3）保存文件。

文件→保存，将文件保存为“案例 3.html”。

（4）运行文件。

在 DW 环境下按 F12 键对网页进行浏览，如图 10-3 所示。

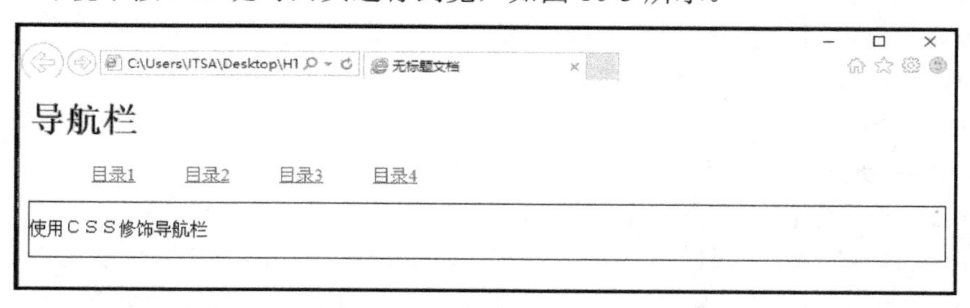

图 10-3

【知识链接】

1．什么是 DHTML

DHTML 主要是将 HTML、样式表和脚本等技术组合，使网页具有动态性，能够和用户进行一定的交互。

2．DHTML 的功能

（1）动态样式：可以使用样式表指定页面内容的样式，这里的样式包括颜色、字体、间距、边框样式、定位以及文本的可见性等。并且在用户的动作发生变化时，通过脚本控制 HTML 元素的属性来改变网页的样式。

（2）动态内容：在 DHTML 中，可以通过响应用户输入或单击鼠标这样的事件来修改页面上的内容。比如，当鼠标移动到表单的文本框上时，边框的颜色发生改变；当鼠标移动到文本上时，文本的大小发生改变；当鼠标移动到图片上时，图片发生翻转等。

（3）定位：在动态 HTML 中，可以用 X 坐标和 Y 坐标指定元素的确切位置（绝对定位或相对定位）。

绝对定位——以像素的形式指定元素的位置。

相对定位——指定元素的相对位置。实际的定位操作由浏览器处理。

（4）可下载字体：如果指定的字体在用户的电脑中不可用，那么通常情况下浏览器会使用默认的可用字体，可下载字体功能可以将字体与页面打包，这样就可以确保网页中的文本总是以指定的字体显示。

（5）脚本：可以通过编写脚本来修改网页的样式和内容。这些脚本可以嵌入到网页中，显示该页面时，浏览器就会解释执行这些脚本。

3. 什么是CSS样式表

CSS样式表就是层叠样式表，它由一些样式规则组成，这些规则告诉浏览器如何显示网页。

4. CSS样式表的书写规则

```
<style type="text/css">
H2 { color:red;
   font-size:36px;}
p{font-style:bold;}
</style>
```

说明：（1）样式规则一般放在<head>部分。

（2）每个样式表中可以包含多条规则。

（3）H2：选择器。

（4）color：是属性，这里表示字体的颜色。

（5）red：是属性值，这里表示字体的颜色是红色。

“color:red;”将属性和属性值结合在一起，表示声明语句。每个选择器可以有很多条声明语句，所有的声明语句都要放在“{}”内。每条声明语句要以分号结束。

5. CSS样式表的优点

（1）修改浏览器的默认设置。通过重新定义选择器的样式，可以改变其默认的设置。

（2）重新定义页面布局。使用样式表可以指定显示字体、修改文本的颜色等，而无需更改网页结构。

（3）多个文档链接到一个样式表上。可以将样式表存成一个单独的文档，然后将其链接到多个网页中。

6. CSS样式表中的常用属性

CSS样式表的常用属性见表10-1。

表10-1

属　性	CSS名称	说　明
颜色	color	设置字体颜色
背景属性	background-color	设置背景颜色
	background-image	设置背景图片
字体属性	font-family	设置字体
	font-size	设置字体大小
	font-style	设置字体样式，如“加粗”

（续表）

属　　性	CSS 名称	说　　明
文本属性	text-align	设置文本的对齐方式
	text-indent	设置文本第一行的缩进量
	vertical-align	设置文本的纵向位置
边框属性	border-style	设置边框样式
	border-width	设置边框宽度
	border-bottom	设置边框的下边框属性
	border-color	设置边框的颜色
定位属性	width	设置对象的宽度
	height	设置对象的高度
	left	设置对象的左定位
	top	设置对象的顶部定位
	position	设置对象的定位形式
	z-index	设置对象的堆叠顺序

任务 2　样式表中的选择器

【任务目标】

（1）掌握 HTML 选择器的定义与使用方法。
（2）掌握 ID 选择器的定义与使用方法。
（3）掌握 CLASS 选择器的定义与使用方法。
（4）掌握伪类选择器的定义与使用方法。

【任务描述】

案例 4：HTML 选择器的应用，在 HTML 文档中，重新定义 P 标记的样式。
案例 5：派生选择器的应用，在 HTML 文档中，定义 h1 h2 的样式。
案例 6：ID 选择器的应用，利用 ID 选择器定义文本的颜色。
案例 7：CLASS 选择器的应用，利用 CLASS 选择器定义文本的颜色。
案例 8：伪类的应用，利用伪类重新定义超链接的不同状态样式。

【操作步骤】

案例 4

（1）打开网页编写环境。
启动 DreamWeaver，新建文档。
（2）编写代码。
将光标定位在</head>之前，编写如下代码：

```
<style type="text/css">
p{font-style:italic;
 font-weight:bold;
 color:#060;}
 </style>
</head>
<body>
<p>渭城朝雨浥轻尘，客舍青青柳色新。劝君更尽一杯酒，西出阳关无故人。</p>
</body>
</html>
```

（3）保存文件。

文件→保存，将文件保存为“案例 4.html”。

（4）运行文件。

在 DW 环境下按 F12 键对网页进行浏览，如图 10-4 所示。

图 10-4

案例 5

（1）打开网页编写环境。

启动 DreamWeaver，新建文档。

（2）编写代码。

将光标定位在</head>之前，编写如下代码：

```
<style type="text/css">
h1 h2{ font-weight:bold;
       font-size:36px;
        color:red;}
 </style>
</head>
<body>
<h1>渭城朝雨浥轻尘，</h1>
<h2>客舍青青柳色新。</h2>
<h1><h2>劝君更尽一杯酒，西出阳关无故人。</h2></h1>
```

```
</body>
</html>
```

（3）保存文件。

文件→保存，将文件保存到“案例 5.html”。

（4）运行文件。

在 DW 环境下按 F12 键对网页进行浏览，如图 10-5 所示。

渭城朝雨浥轻尘，

客舍青青柳色新。

劝君更尽一杯酒，西出阳关无故人。

图 10-5

案例 6

（1）打开网页编写环境。

启动 DreamWeaver，新建文档。

（2）编写代码。

将光标定位在</head>之前，编写如下代码：

```
<style type="text/css">
#textstyle1{color:red;
          font-style:italic;
           font-size:36px;}
#textstyle2{color:yellow;
          font-family:"黑体";
           font-size:24px;}

</style>
</head>
<body>
<p id="textstyle1">迟日江山丽，春风花草香。</p>
<p id="textstyle2">泥融飞燕子，沙暖睡鸳鸯。</p>
</body>
</html>
```

（3）保存文件。

文件→保存，将文件保存为“案例 6.html”。

（4）运行文件。

在 DW 环境下按 F12 键对网页进行浏览，如图 10-6 所示。

图 10-6

案例 7

（1）打开网页编写环境。

启动 DreamWeaver，新建文档。

（2）编写代码。

将光标定位在</head>之前，编写如下代码：

```
<style type="text/css">
.textstyle1{color:red;
          font-style:italic;
           font-size:36px;}
.textstyle2{color:green;
          font-family:"黑体";
           font-size:24px;}


</style>
</head>
<body>
<p class="textstyle1">秦时明月汉时关，万里长征人未还。</p>
<p class="textstyle2">但使龙城飞将在，不教胡马度阴山。</p>
</body>
</html>
```

（3）保存文件。

文件→保存，将文件保存为“案例 7.html”。

（4）运行文件。

在 DW 环境下按 F12 键对网页进行浏览，如图 10-7 所示。

案例 8

（1）打开网页编写环境。

启动 DreamWeaver，新建文档。

（2）编写代码。

将光标定位在</head>之前，编写如下代码：

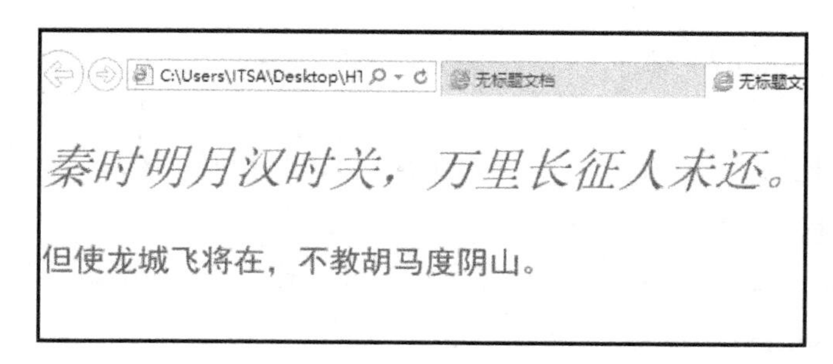

图 10-7

```
<style type="text/css">
a:link {    color: red;
    text-decoration: none;}
a:visited { text-decoration: none;
    color: yellow;}
a:hover {   text-decoration: none;}
a:active {  text-decoration: none;
    color: #00F;}
</style>
</head>
<body>
<p ><a href="#">点击我，这是一个超链接。</a>
</body>
</html>
```

（3）保存文件。

文件→保存，将文件保存到“案例 8.html”。

（4）运行文件。

在 DW 环境下按 F12 键对网页进行浏览，如图 10-8 所示。

图 10-8

【知识链接】

1. HTML 选择器

所谓 HTML 选择器，其实就是重新定义 HTML 表现性标签的样式。

例：<style type="text/css">

H1{color:red;

Font-size:24px;

```
        Font-family:黑体;}
</style>
```

重新定义了H1标记的样式，在HTML文档中使用H1标记时，它就会以新定义的样式显示。

2．派生选择器

通过依据元素在其位置的上下关系来定义样式，称为派生选择器。

例：h1 h2{color:red;
        font-family:黑体;}

h1 和 h2 之间必须有一个空格。

使用时，应这样写：

<h1><h2>HTM 选择器的使用</h2></h1>

3．ID 选择器

ID 选择器的作用就是通过 ID 选择器将 CSS 样式表作用到页面的对象上，那么这个样式表应该这样写，在选择器的开头处加上“#”符号：

#textstyle{color：red;}

将这个样式表绑定到 HTML 对象上时，应这样写：

<p ID="textstyle">迟日江山丽，春风花草香。</p>

4．CLASS 选择器

这种选择器使用 HTML 元素的 CLASS 属性。每个可见的元素均有一个用于指派类的 CLASS 属性。可以为每个不同的元素指派一个类名，也可以给多个相同类型的元素指派不同的类。类选择器前面是一个称为标记字符的圆点（.），其后是类名。

例：.water{color:blue;}

使用时，应这样写：

<p class=water>测试水</p>

5．伪类

伪类是特殊的类，能自动地被浏览器识别，伪类可以区别开不同种类的元素。例如，link（链接）、visited（已访问过的链接）、active（活动链接）。

形式如下：

选择符：伪类{属性：属性值;}

```
a:link {color: red;
        text-decoration: none;}
a:visited {     text-decoration: none;
          color: yellow;}
a:hover {text-decoration: none;}
a:active {text-decoration: none;
          color: #00F;}
```

任务3 应用CSS样式表

【任务目标】

（1）掌握行内样式表的应用。
（2）掌握嵌入样式表的应用。
（3）掌握外部样式表的应用。
（4）掌握多重样式表的应用。

【任务描述】

案例9：行内样式表的应用，在HTML文档中，重新定义P标记的样式。
案例10：嵌入样式表的应用。
案例11：外部样式表的应用，改变h2和P标记的样式。
案例12：多重样式表的应用。

【操作步骤】

案例9

（1）打开网页编写环境。
启动DreamWeaver，新建文档。
（2）编写代码。
将光标定位在<body>和</body>之间，编写如下代码：

```
<body>
<p style=color:aqua;font-style:italic;text-align:center;>
   //应用了行内样式
葡萄美酒夜光杯，欲饮琵琶马上催。</p>
<p>醉卧沙场君莫笑，古来征战几人回?</p>          //没有应用行内样式
</body>
```

（3）保存文件。
文件→保存，将文件保存为“案例9.html”。
（4）运行文件。
在DW环境下按F12键对网页进行浏览，如图10-9所示。

案例10

（1）打开网页编写环境。
启动DreamWeaver，新建文档。
（2）编写代码。
将光标定位在</head>之前，编写如下代码：

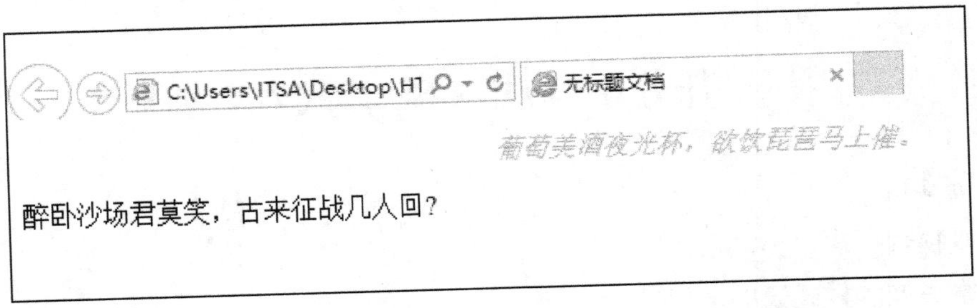
C:\Users\ITSA\Desktop\H1
无标题文档
葡萄美酒夜光杯，欲饮琵琶马上催。
醉卧沙场君莫笑，古来征战几人回？

图 10-9

```
<style type="text/css">
.style1{color:green;}
.style2{color:red;}
#style3{color:blue;}
</style>
</head>
<body>
<h1 class="style1">江畔独步寻花</h1>
<p id="style3">黄四娘家花满蹊，<br />
 千朵万朵压枝低，</p>
 <p class="style2">留连戏蝶时时舞，<br />
 自在娇莺恰恰啼。
</body>
</html>
```

（3）保存文件。

文件→保存，将文件保存为“案例 10.html”。

（4）运行文件。

在 DW 环境下按 F12 键对网页进行浏览，如图 10-10 所示。

C:\Users\ITSA\Desktop\H1
江畔独步寻花
黄四娘家花满蹊，
千朵万朵压枝低，
留连戏蝶时时舞，
自在娇莺恰恰啼。

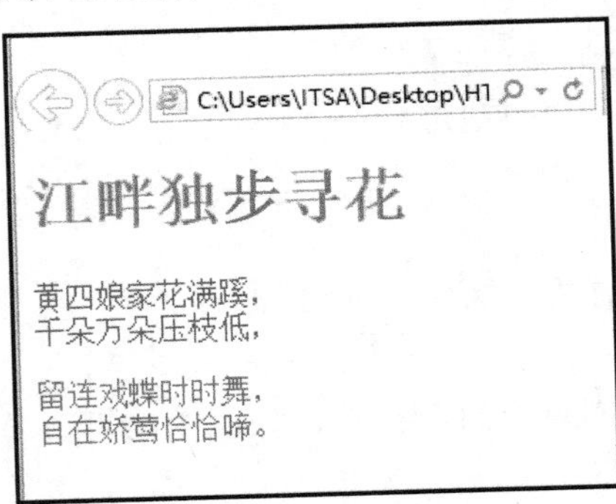

图 10-10

案例 11

（1）打开网页编写环境。

启动 DreamWeaver，新建 CSS 文档。

（2）编写代码。

```
p{color:green;}
h2{color:blue;
   font-style:italic;}
```

（3）将文档保存为 newstyle.css。

（4）新建 html 文档。

将光标定位在</head>之前，编写如下代码：

```
<link rel=stylesheet type="text/css" href="newstyle.css" />
</head>
<body>
<h2>泉眼无声惜细流，树阴照水爱晴柔。</h2>
<p >小荷才露尖尖角，早有蜻蜓立上头。</p>
 </body>
</html>
```

（5）保存文件。

将网页保存为案例 11.html。

（6）运行文件。

在 DW 环境下按 F12 键对网页进行浏览，如图 10-11 所示。

图 10-11

案例 12

（1）打开网页编写环境。

启动 DreamWeaver，新建 CSS 文档。

（2）编写代码。

```
.aa{color:blue;
font-size:24px;}
```

（3）将文档保存为 bobo.css。

（4）新建 html 文档。

将光标定位在</head>之前，编写如下代码：

```
<link rel="stylesheet" type="text/css" href="bobo.css" />
<style type="text/css">
.style1{color:red;font-size:36px;}
</style>
</head>
<body>
<div class="style1">昼出耘田夜绩麻，村庄儿女各当家。</div>
```

```
<div class="aa">童孙未解供耕织，也傍桑阴学种瓜</div>
</body>
</html>
```

（5）保存文件。

将网页保存为案例 12.html。

（6）运行文件。

在 DW 环境下按 F12 键对网页进行浏览，如图 10-12 所示。

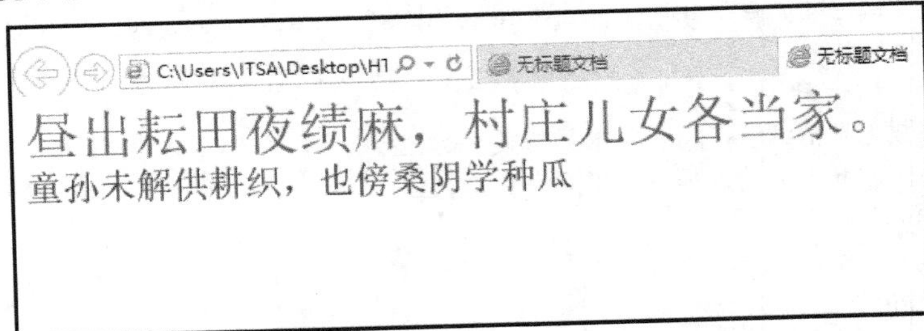

图 10-12

【知识链接】

1．嵌入样式表

嵌入样式表是指使用<style>标签将 CSS 样式表放入<head>标签内。这种用法的好处在于将页面的表现性和结构性实现很好的分离，对于设计者来说，使共同协作的效率更高。写法是：

```
<style type="text/css">
样式表内容；
</style>
```

2．行内样式表

行内样式表是分配给某一特定的元素的样式。该样式并不应用于某一类型或某一类的所有元素。行内样式使用元素标记的 STYLE 属性定义。

例：<p style=color:red;font-style:italic;text-align:center;>

3．外部样式表

如果网站的所有网页都具有相同的风格，在这种情况下，最好的方法是将样式的信息保存在一个单独的文件中，然后将该文件链接到网站的所有页面，这样整个网站的网页就具有统一的外观，而且只修改样式表中某一处的内容，就可以反映到网站的所有页面上。

链接外部样式表的写法如下：

```
<LINK REL=stylesheet TYPE="text/css" HREF="newstyle.css">
```

注意：外部样式表必须以.css 扩展名保存为单独的文件，链接代码要放在<head>标记中。

4．多重样式表

在样式表中，如果出现多种样式表，它们之间总有个先后的问题。通常来说，当多个样式表作用于同一个页面对象时，离这个页面对象最近的样式表起决定作用。但是，行内样式表始终处于最高级别。

上 机 练 习

上机案例 1：在样式表中重新定义 H1 和 H2 标记的样式。

重新定义的H1元素

重新定义的H2元素

没有改变样式的H3元素

【操作步骤】

（1）打开编辑环境。

启动 DreamWeaver，切换到“代码”窗口。

（2）编写代码。

① 将光标定位在</head>前面，编写如下代码：

```
<style type="text/css">
h1,h2{color:limegreen;
      font-family:Arial;}
       </style>
</head>
```

② 将光标定位在<body>和</body>之间编写如下代码：

```
<body>
<h1>重新定义的 H1 元素</h1>
<h2>重新定义的 H2 元素</h2>
<h3>没有改变样式的 H3 元素</h3>
</body>
</html>
```

（3）保存文件“上机案例 1html”。

上机案例 2：利用 CSS 样式表给网页添加背景图片（见图 10-13），并改变网页上文本的设置。

【操作步骤】

（1）打开编辑环境。

启动 DreamWeaver，切换到“代码”窗口。

（2）编写代码。

① 将光标定位在</head>前面，编写如下代码：

图 10-13

```
<style type="text/css">
body{background-image:url(backimage.jpg);}
p{text-align:center;
  font-size:36px;
  color:yellow;}
 </style>
```

② 将光标定位在<body>和</body>之间，编写如下代码：

```
<body>
<p>深入学习 CSS 样式表</p>
</body>
```

（3）文件保存为“上机案例 2.html”。

上机案例 3：使用 CLASS 选择器和 ID 选择器设计如图 10-14 所示网页。

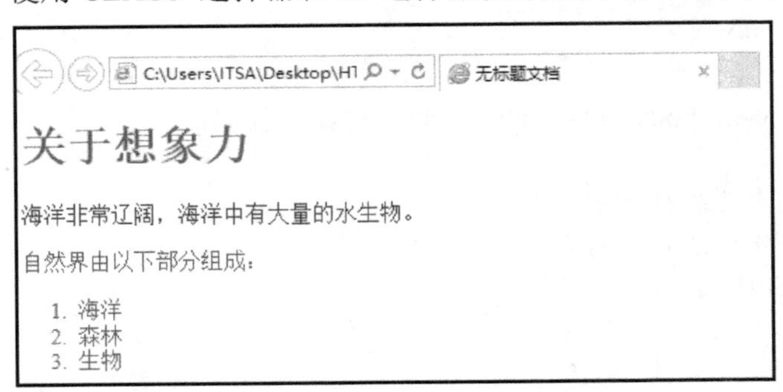

图 10-14

【操作步骤】

（1）打开编辑环境。

启动 DreamWeaver，切换到“代码”窗口。

（2）编写代码。

① 将光标定位在</head>前面，编写如下代码：

```
<style type="text/css">
h1{color:green;}
.style1{color:blue;}
```

```
#style2{color:green;}
ol{color:red;}
</style>
```

② 将光标定位在<body>和</body>之间，编写如下代码：

```
<h1>关于想象力</h1>
<p class="style1">海洋非常辽阔，海洋中有大量的水生物。</p>
<p id="style2">自然界由以下部分组成：</p>
<ol>
<li>海洋</li>
<li>森林</li>
<li>生物</li>
</ol>
```

（3）文件保存为“上机案例 3.html”。

上机案例 4：给页面添加颜色（见图 10-15）。

图 10-15

【操作步骤】

（1）打开编辑环境。

启动 DreamWeaver，切换到“代码”窗口。

（2）编写代码。

① 将光标定位在</head>前面，编写如下代码：

```
<style type="text/css">
body{color:white;
background-image:url(backimage.jpg);
font-family:"黑体";
font-size:36px;}
h2{background-color:green;}
p{background-color:orange;}
</style>
```

② 将光标定位在<body>和</body>之间，编写如下代码：

```
<body>
<h2>毕竟西湖六月中，风光不与四时同；</h2>
 <p >接天莲叶无穷碧，映日荷花别样红。</p>
</body>
```

（3）将文件保存为“上机案例 4.html”。

项目十一

使用层和多媒体

- 了解什么是层。
- 如何创建层。
- CSS 样式遇到层。
- 在 HTML 文中插入多媒体。

通过两个项目的制作，让学生掌握如何使用层以及如何在网页中插入多媒体。

任务1 层 的 使 用

【任务目标】

（1）掌握什么是层。
（2）掌握层的创建。

【任务描述】

案例 1：在 HTML 文档中插入一个层。
案例 2：在 HTML 文档中插入两个层，分别显示两首古诗。

【操作步骤】

案例 1

（1）打开网页编写环境。
启动 DreamWeaver，切换到“代码”窗口。
（2）编写代码。
将光标定位在</head>之前，插入如下代码：

```
<style type="text/css">
#layer1
{position:absolute;             //层的定位方式
left:25px;                      //层距左边的距离
top:27px;                       //层距右边的距离
width:300px;                    //层的宽度
height:180px;                   //层的高度
z-inde:1;                       //层的堆叠顺序
background-color:yellow;        //层的背景层
}
</style>
</head>
<body>
<div id="layer1">
<font size=5px>
别董大<p>
千里黄云白曛，<br />
北风吹雁雪纷纷。<br/>
莫愁前路无知己，<br />
天下谁人不识君?<br />
</font>
</div>
</div>
</body>
</html>
```

（3）保存文件。

文件→保存，文件名为案例 1.html。

（4）运行文件。

在 DW 环境下按 F12 键对网页进行浏览，如图 11-1 所示。

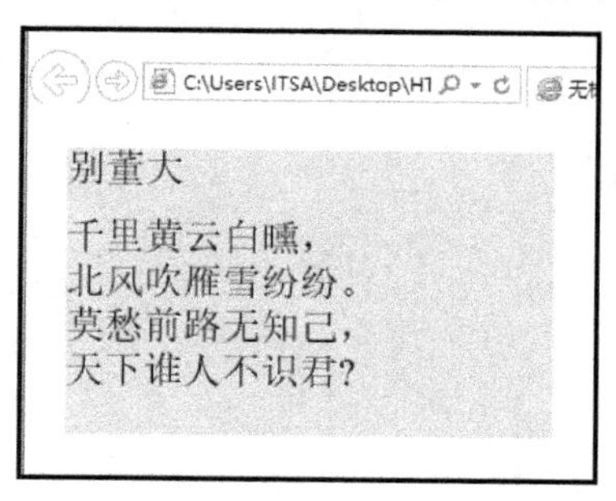

图 11-1

案例 2

（1）打开网页编写环境。

启动 DreamWeaver，切换到“代码”窗口。

（2）编写代码。

将光标定位在</head>之前，插入如下代码：

```
<style type="text/css">
#layer1
{position:absolute;
left:25px;
top:27px;
width:300px;
height:180px;
z-inde:1;
background-color:yellow;
}
#layer2
{position:absolute;
left:400px;
top:27px;
width:300px;
height:180px;
z-inde:1;
background-color:yellow;
}
</style>
</head>
<body>
<div id="layer1">
<font size=5px>
别董大<p>
千里黄云白曛，<br />
北风吹雁雪纷纷。<br/>
莫愁前路无知己，<br />
天下谁人不识君?<br />
</font>
</div>
<div id="layer2">
<font size=5px>
望天门山<p>
天门中断楚江开，<br />
碧水东流至此回。<br/>
两岸青山相对出，<br />
孤帆一片日边来。<br />
</font>
</div>
```

```
</body>
</html>
```

（3）保存文件。

文件→保存，文件名为案例 1.html。

（4）运行文件。

在 DW 环境下按 F12 键对网页进行浏览，如图 11-2 所示。

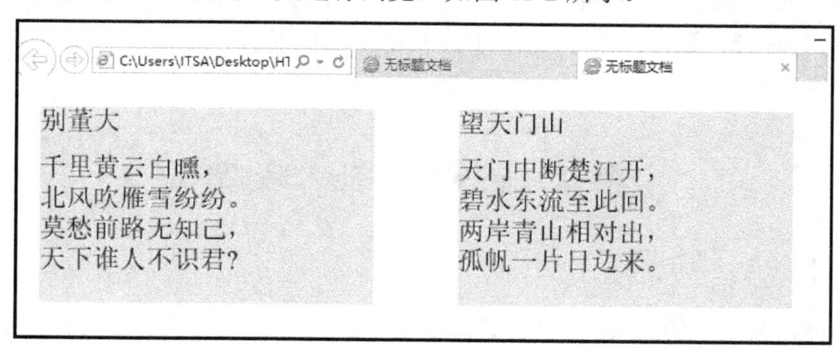

图 11-2

【知识链接】

1．什么是层

层是 Web 页面中能够容纳其他 HTML 元素的容器。层有自己的一组属性，可以根据需要进行修改。也可根据需要通过脚本来控制层，使页面具有交互性和动态效果。而且，要有不必借助各种浏览器的功能，就能将元素定位到网页中需要的位置。通过使用层，还可以在页面上添加特殊效果，而不会大大增加文件的大小。

2．创建层

在<head>标记中添加<style>标记：

```
<style type="text/css">
#层名{
    层的属性定义；}
</style>
```

3．层的应用

在<body>标记内：

```
<div id="层名">
</div>
```

4．层的基本定位

left：相当于窗口左边的位置。

right：相当于窗口右边的位置。

top：相当于窗口上边的位置。

bottom：相当于窗口下边的位置。

width：表示层的宽度。

height：表示层的高度。

position：用于控制采用什么样的方式定位层。

postiotion 属性下可以定义为：

（1）absolute：表示层的位置以网页的左上角为基准来设置。

（2）relative：表示层的位置以其原始值的位置来设置。

（3）static：表示层的位置以 html 默认的位置来设置。

任务 2　在网页中插入多媒体

【任务目标】

（1）掌握在网页中插入 GIF 动画的方法。

（2）掌握在网页中插入声音的方法。

（3）掌握在网页中插入视频的方法。

【任务描述】

案例 3：在 HTML 文档中插入一个 GIF 动画。

案例 4：在 HTML 文档中插入背景音乐。

案例 5：在 HTML 文档中插入视频。

【操作步骤】

案例 3

（1）打开网页编写环境。

启动 DreamWeaver，切换到“代码”窗口。

（2）编写代码。

在<body>标记中插入如下代码：

```
<body>
<h1><font size=3 color=forestgreen><b>插入 GIF 动画</b></font></h1>
<hr />
<img src="bird.gif" />
</body>
</html>
```

（3）保存文件。

文件→保存，文件名为案例 3.html。

（4）运行文件。

在 DW 环境下按 F12 键对网页进行浏览，如图 11-3 所示。

图 11-3

案例 4

（1）打开网页编写环境。

启动 DreamWeaver，切换到“代码”窗口。

（2）编写代码。

在<body>标记中插入如下代码：

```
<body>
<h1><font size=3 color=forestgreen><b>插入背景音乐</b></font></h1>
<hr />
<img src="bird.gif" />
<bgsound src="月光曲.mp3" loop="infinite" autostart=true>
</body>
</html>
```

（3）保存文件。

文件→保存，文件名为案例 3.html。

（4）运行文件。

在 DW 环境下按 F12 键对网页进行浏览。

案例 5

（1）打开网页编写环境。

启动 DreamWeaver，切换到“代码”窗口。

（2）编写代码。

在<body>标记中插入如下代码:

```
<body>
<h1><font size=3 color=forestgreen><b>插入视频</b></font></h1>
<hr />
<embed  src="wildlife.wmv" width=600 height=800 align="middle">
```

```
</body>
</html>
```

（3）保存文件。

文件→保存，文件名为案例 4.html。

（4）运行文件。

在 DW 环境下按 F12 键对网页进行浏览，如图 11-4 所示。

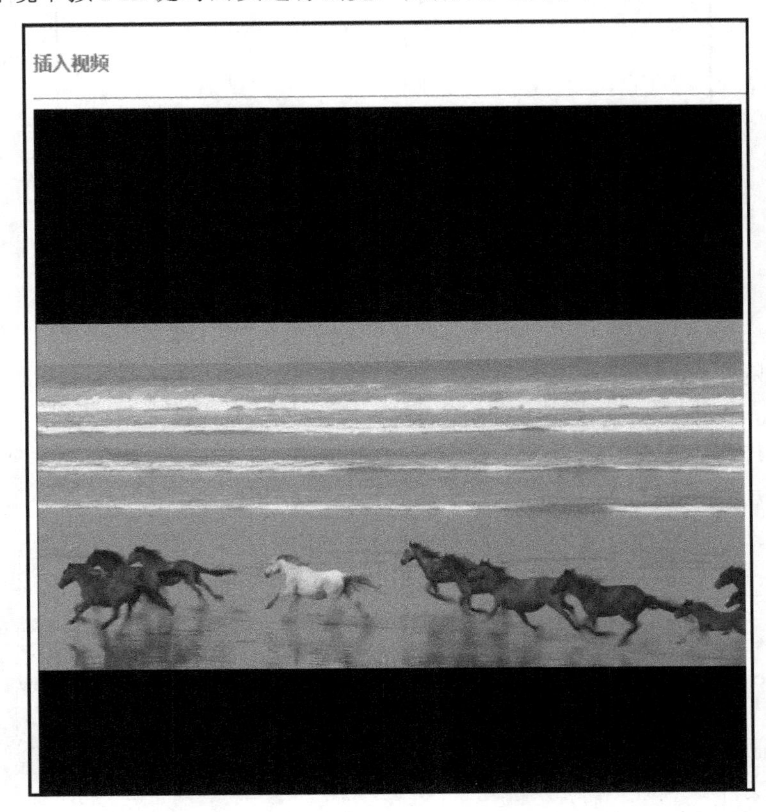

图 11-4

【知识链接】

（1）在 HTML 文档中插入背景音乐，可以使用<bgsound>标记，此标记的属性及其说明见表 11-1。

表 11-1

属　性	说　明
src	设置音乐文件的路径，可以是相对路径或绝对路径
autostart	设置是否在音乐文件下载完之后自动播放，true 表示自动播放，false 表示不自动播放（默认值）
loop	设置背景音乐是否自动反复播放，其值可以是正整数或 infinite。正整数指定反复播放的次数，infinite 表示无限循环

（2）在 HTML 文档中插入视频，可以使用<embed>标记，此标记的属性及说明见表 11-2。

表 11-2

属　性	说　明
src	设置视频文件的路径，可以是相对路径或绝对路径
align	设置控制面板和旁边文字的对齐方式，其值可以是 top，bottom，center，baseline，left，right，texttop，middle，absmiddle，absbottom
width	设置控制面板的宽度
height	设置控制面板的高度
autostart	设置是否在视频文件下载完之后自动播放，true 表示自动播放，false 表示不自动播放（默认值）
loop	设置视频文件是否自动反复播放，其值可以是正整数或 infinite。正整数指定反复播放的次数，infinite 表示无限循环

上 机 练 习

上机案例 1：

在网页中使用层来布局文本，如图 11-5 所示。

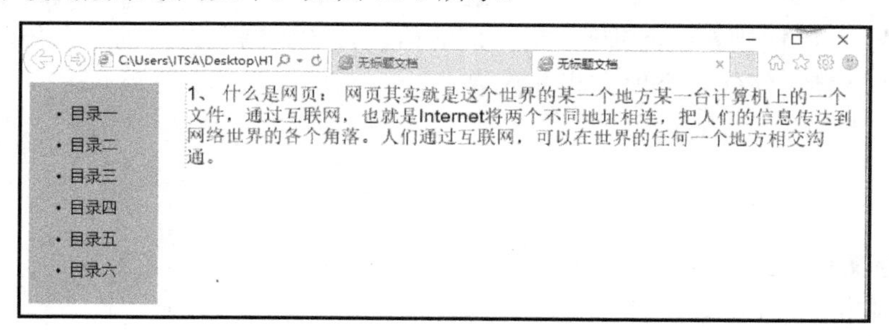

图 11-5

【操作步骤】

（1）打开编辑环境。

启动 DreamWeaver，切换到“代码”窗口。

（2）编写代码。

① 将光标定位在</head>前面，编写如下代码：

```
<style type="text/css">
#layer1
{position:absolute;
font:"黑体";
left:10;
line-height:2em;
width:8em;
background-color:orange;
}
#layer2
{margin-left:8em;
```

```
font:1.2em arial;
border-left:0.1em orange dotted;}
</style>
</head>
```

② 将光标定位在<body>之间，编写如下代码：

```
<body>
<div id=layer1>
<ul>
 <li>目录一</li>
 <li>目录二</li>
 <li>目录三</li>
 <li>目录四</li>
 <li>目录五</li>
 <li>目录六</li>
 </ul>
 </div>
 <div id=layer2>
```

（3）什么是网页。

网页其实就是这个世界的某一个地方某一台计算机上的一个文件，通过互联网（也就是 Internet）将两个不同的地址相连，把人们的信息传达到网络世界的各个角落。人们通过互联网可以在世界的任何一个地方相互沟通。

</div>

</body>

</html>

（4）保存文件“上机案例 1.html”。

上机案例 2：

制作层的叠加效果，如图 11-6 所示。

图 11-6

【操作步骤】

（1）打开编辑环境。

启动 DreamWeaver，切换到“代码”窗口。

（2）编写代码。

① 将光标定位在</head>前面，编写如下代码：

```
<style type="text/css">
div{height:300px;
width:300px;}
#d1{position:absolute;
background-color:green;
left:2em;
top:2em;}
 #d2{position:absolute;
background-color:blue;
left:4em;
top:4em;}
#d3{position:absolute;
background-color:red;
left:6em;
top:6em;}
</style>
```

② 将光标定位在<body>之间，编写如下代码：

```
<body>
<div id=d1> </div>
<div id=d2></div>
<div id=d3></div>
</body>
</html>
```

（3）保存文件“上机案例 2.html”。

第 二 部 分

JavaScript 动态网页制作

项目一

开启 JavaScript 编程之旅

- 了解 JavaScript 的功能和特点。
- 熟悉 JavaScript 的编写环境。
- 了解使用外部 JS 文件的方式。
- 掌握 JS 中的几个常用方法。

在本项目将通过 3 个任务来说明 JavaScript 在网页中的编写方式、如何使用外部 JS 文件以及几个常用 JS 方法的使用。

任务 1　在网页中嵌入 JavaScript

【任务目标】

（1）掌握<script>标记的使用。

（2）掌握 JavaScript 的语法规则。

（3）了解 JavaScript 的简单功能。

【任务描述】

在网页中插入一个 JavaScript 脚本，当浏览网页时在页面中显示“欢迎进入 JavaScript 世界”。

【操作步骤】

（1）打开网页编写环境。

启动 DreamWeaver，切换到“代码”窗口，如图 1-1。

（2）编写代码。

在</head>之前输入以下代码：

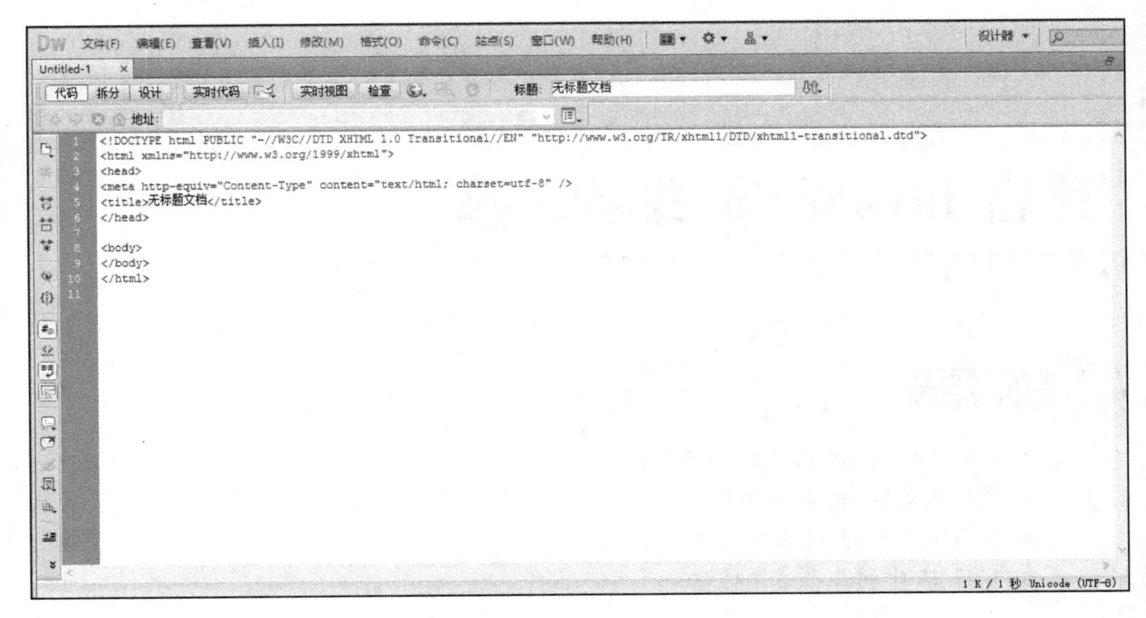

图 1-1

```
<script language="javascript">
document.write("欢迎进入JavaScript世界");
</script>
```

（3）保存文件。

“文件”→“保存”，文件名为 1-1.html。

（4）运行文件。

在 DW 环境下按 F12 键对网页进行浏览，如图 1-2 所示。

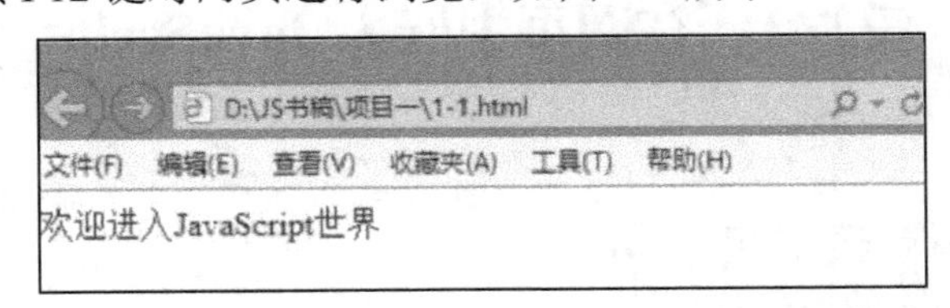

图 1-2

【知识链接】

1. JavaScript 功能简介

JavaScript 具有两个功能：一是实现流行的网页特效；二是对网页中的表单进行验证。

（1）网页动态特效。

一个网站能否吸引大家的兴趣，除自身的内容以外，网页的美观也是一个重要因素。漂浮的广告、变化的广告图片、滚动消息等这些让人眩目的效果，都是吸引浏览者注意力的有效方式。而这些不同展现形式的页面效果均是通过 JavaScript 脚本实现的。

（2）表单验证。

在注册成为某一网站的用户时，JavaScript 可以在用户提交注册信息时验证其输入的内容是否合法、有效。当用户登录时需要输入用户名和密码，JavaScript 脚本可判断用户输入的信息是否符合要求。例如，用户名不能为空、密码长度不能少于 6 位等。

2．基于对象的 JavaScript 简介

JavaScript 是一种基于对象的语言，用于开发基于客户端和基于服务器的 Internet 应用程序。JavaScript 是 Web 增强型技术，当在客户计算机上使用时，该语言有助于把静态页面转换为动人的、交互式的、智能的动态页面。

3．JavaScript 的基本结构

理论上可能在 HTML 页面中的任何位置嵌入 JavaScript，但一般都放置在网页头部，即标签对<head>和</head>之间。

4．JavaScript 语法规则

（1）代码注释。

单行注释：//注释语句；

多行注释：/*注释语句；

　　　　　⋮*/

（2）变量声明。

使用 var 进行变量声明，可在声明的同时直接给变量赋值。

例如：var n=12;

（3）数据类型。

有 4 种数据类型，分别是：

- 数值（整数和实数）
- 字符串型（用双引号""或单引号''括起来的字符或数值）
- 布尔型（使用 true 或 false 表示）
- 空值 null

（4）区分大小写。

JavaScript 严格区分大小写，每条语句以“;”作为结束标志。

（5）函数定义。

```
function 函数名（参数 1，参数 2，…，参数 n）
{
函数体代码;
Return 参数名;
}
```

任务 2　使用外部 JS 文件

【任务目标】

（1）掌握创建外部 JS 文件的方法。

（2）掌握将外部 JS 文件链接到一个 HTML 文档的方法。

【任务描述】

创建两个文件，一个是 test.html 文件，另一个是只包含 JavaScript 代码的 test.js 文件，将 test.js 链接到 test.html 文档中，当浏览 test.html 文档时，网页显示“欢迎您的光临！”。

【操作步骤】

1．创建 test.html 文档

（1）启动 DreamWeaver，“文件”→“新建”→“页面类型”，在其中选择 HTML 文档，单击“创建”按钮，如图 1-3 所示。

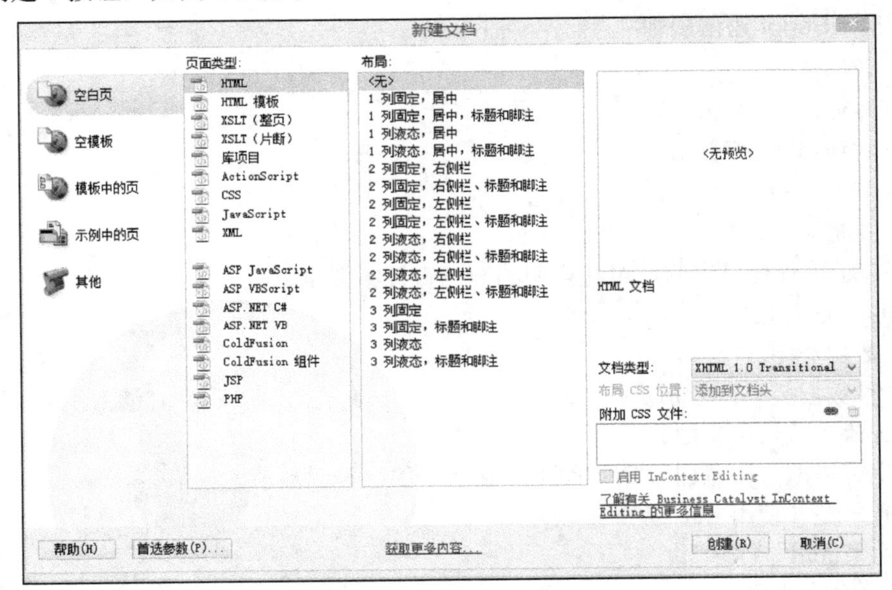

图 1-3

（2）在“代码”窗口中输入以下代码：

```
<HTML>
<HEAD>
<TITLE>使用外部 JS 文件</TITLE>
<SCRIPT SRC="test.js"></SCRIPT>
</HEAD>
<BODY>
<P>上面是通过调用一个外部 JS 文件显示的内容
<BODY>
</HTML>
```

（3）保存文件。输入文件名 test.html。

2．创建 test.js 文件

（1）在 DreamWeaver 的新建文件类型中选择 JavaScript，如图 1-3 所示。

（2）在“代码”窗口中输入以下代码：

```
document.write("欢迎您光临！");
```

（3）保存文件，输入文件名 test.js。

3．浏览 test.html 文件

网页显示如图 1-4 所示。

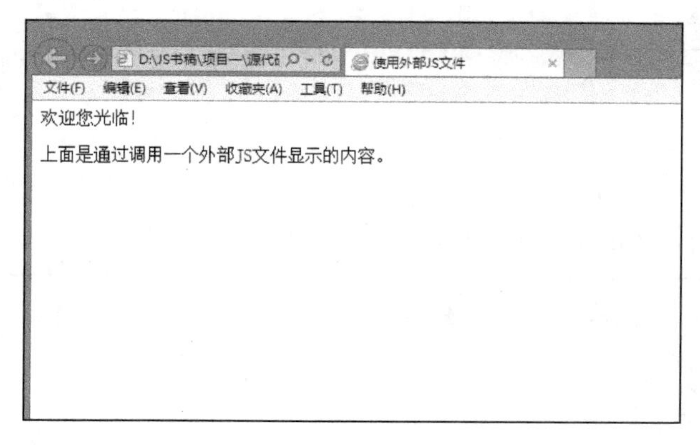

图 1-4

【知识链接】

我们可以使用外部 JavaScript 文件作为在 HTML 页面中使用嵌入方式的另一种方法，这将会提高应用程序的模块化程度。如果一个应用程序中有很多网页都需要使用相同的 JavaScript 代码，则使用外部文件并在多个 HTML 页面中引用它是可行的。

任务 3　JavaScript 的 4 个常用方法

【任务目标】

（1）掌握 write 方法。

（2）掌握 alert 方法。

（3）掌握 confirm 方法。

（4）掌握 prompt 方法。

【任务描述】

通过两个案例让学生理解并掌握 write 方法、alert 方法、confirm 方法和 prompt 方法的使用。

【操作步骤】

1．write 和 alert 方法的使用

（1）在 DreamWeaver“代码”窗口中输入如下代码：

```
<html>
<head>
<title>write方法和alert方法使用</title>
<script language="javascript">
document.write("你浏览了我的网页");
alert("谢谢你的光临！");
</script>
<meta http-equiv="Content-Type" content="text/html; charset=gb2312">
</head>
<body>
</body>
</html>
```

（2）保存文件 1-3-1.html，浏览页面如图 1-5 所示。

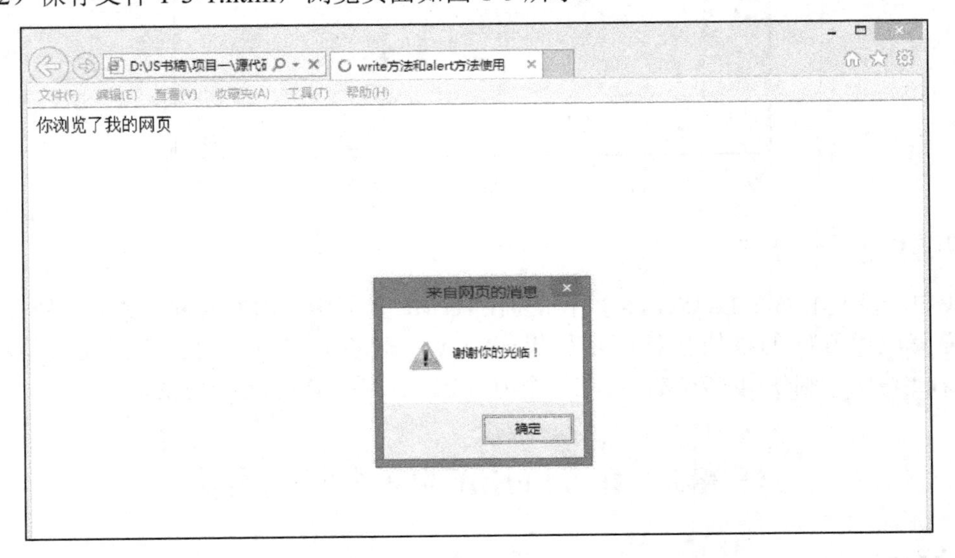

图 1-5

2. confirm 方法和 prompt 方法的使用

（1）在 DreamWeaver“代码”窗口中输入如下代码：

```
<html>
<head>
<title>confirm方法和prompt方法的使用</title>
<script language="javascript">
prompt("请输入你的年龄","0");
var ex=confirm("确定吗？");
if(ex==true)
alert("确定");
else
alert("取消");
document.write("谢谢你的光临!");
</script>
```

```
<meta http-equiv="Content-Type" content="text/html; charset=gb2312">
</head>
<body>
</body>
</html>
```

（2）保存文件 1-3-2.html。打开浏览器如图 1-6 所示。

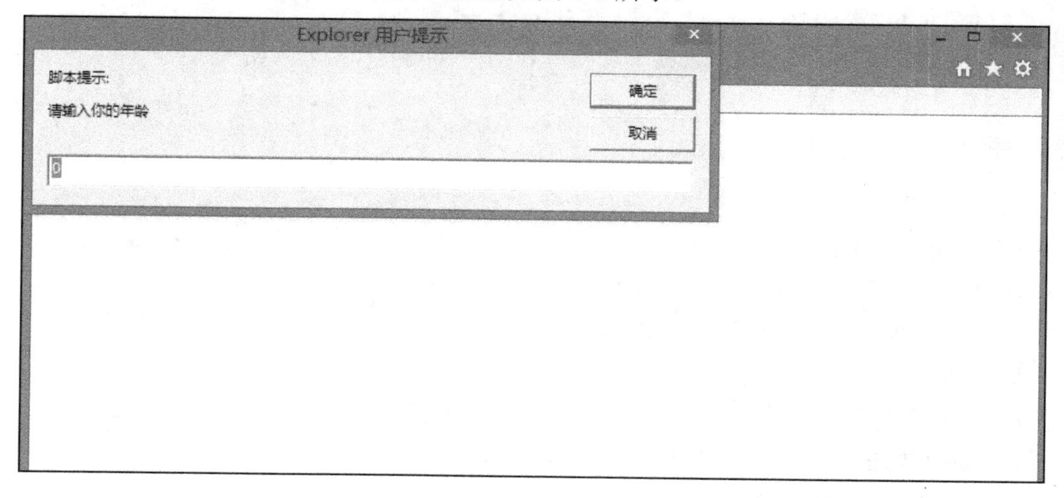

图 1-6

输入年龄后，单击“确定”按钮，弹出消息框，如图 1-7 所示。

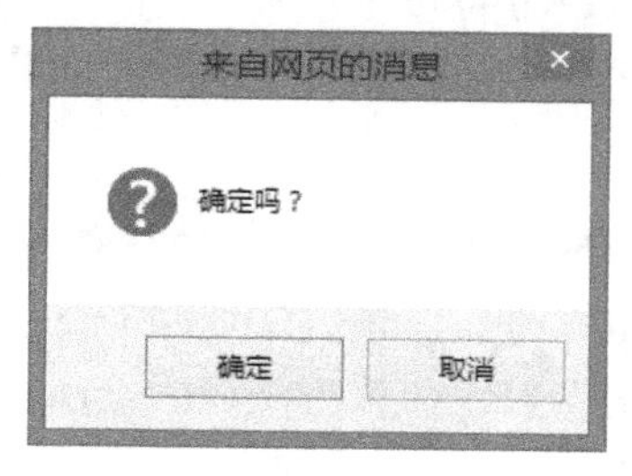

图 1-7

如果单击“确定”按钮后弹出消息框如图 1-8 所示，再次单击“确定”按钮后，则弹出网页信息“欢迎光临！”。

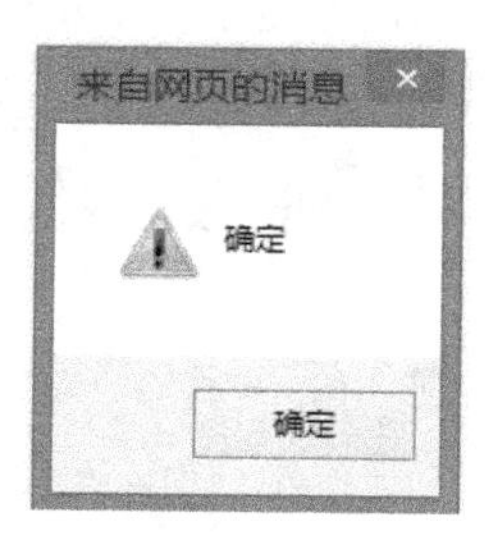

图 1-8

如果单击“取消”按钮，则弹出消息框如图 1-9 所示。

图 1-9

【知识链接】

1．write 方法

格式：document.write(字符串);

功能：在网页中显示字符串的内容。

例如：document.write(“你今天愉快吗？”);

可以使用“+”连接多个字符串。

例如：document.write(“你今天愉快吗？” + “非常愉快”);

2．alert 方法

格式：alert(“字符串”);

功能：显示一个带有“确定”按钮的消息框，在消息框中显示字符串的内容。

例如：alert(“密码长度必须是 6 位以上”);

3．confirm 方法

格式：confirm(“消息”);

功能：用于显示带有“确定”和“取消”按钮的消息框。

说明：（1）如果单击“确定”按钮，该方法返回 true。

（2）如果单击“取消”按钮，该方法返回 false。

4．prompt 方法

格式：prompt(“消息”,” 默认值”);

功能：用于接受用户输入的消息。

说明：如果没有“默认值”，对话框将显示“undefined”。

上 机 实 习

（1）编写一个文件 sj-1-1.html，输入姓和名后，弹出一个消息框显示“欢迎***”。

```
<html>
<head>
<title>上机案例 1</title>
<script language="javascript">
```

```
var first=prompt("输入你的姓氏");
var last=prompt("输入你的名字");
alert("欢迎"+first+last);
</script>
<meta http-equiv="Content-Type" content="text/html; charset=gb2312">
</head>
<body>
</body>
</html>
```

（2）编写一个显示你输入的个人信息的文件 sj-1-2.html。

```
<html>
<head>
<title>上机案例 2</title>
<script language="javascript" >
document.write("学生详细信息"+"<br>");
var xm=prompt("输入你的姓名");
var xh=prompt("输入你的学号");
var m1=prompt("输入你的 photoshop 成绩");
var m2=prompt("输入你的 flash 成绩");
var m3=prompt （"输入你的 html 成绩");
document.write("学生姓名"+xm+"<br>");
document.write("学号"+xh+"<br>");
document.write("photoshop 成绩"+m1+"<br>");
document.write("flash 成绩"+m2+"<br>");
document.write("html 成绩"+m3);
</script>
<meta http-equiv="Content-Type" content="text/html; charset=gb2312">
</head>
<body>
</body>
</html>
```

（3）编写一个使用外部 sj-1-3.js 文件的简单 HTML 程序 sj-1-3.html。

sj-1-3.html 文件：

```
<html>
<head>
<title>上机案例 3</title>
<script language="javascript"src="sj-1-3.js">

</script>
<meta http-equiv="Content-Type" content="text/html; charset=gb2312">
</head>
<body>
</body>
</html>
```

sj-1-3.js 文件：

```
prompt("输入年龄","您的年龄");
confirm(" 确定吗?");
document.write("祝贺您");
```

（4）编写一个文件 sj-1-4.html，提示用户输入一个数字，默认值是“0”，并在网页中显示你输入的数字。

```
<html>
<head>
<title>上机案例 4</title>
<script language="javascript">
var a=prompt("输入一个数字","0");
document.write("你输入的数字是:"+a);
</script>
<meta http-equiv="Content-Type" content="text/html; charset=gb2312">
</head>
<body>
</body>
</html>
```

项目二

JavaScript 语法

- 了解 JavaScript 中的变量、数据类型和运算符。
- 掌握创建和使用数组的方法。

在本项目将通过 4 个任务来讲解 JavaScript 中变量的使用、数据类型的使用、运算符的使用以及数组的创建和使用等。

任务 1　JavaScript 中变量的使用

【任务目标】

（1）掌握变量的声明。
（2）掌握变量的作用域。

【任务描述】

在网页中插入一个 JavaScript 脚本，通过定义变量进行赋值，当浏览网页时在页面中显示变量的值。

【操作步骤】

（1）启动 DreamWeaver，切换到“代码”窗口。
编写代码：

```
<html>
<head>
<title>变量的使用</title>
<script language="javascript">
var xm="张明";
```

```
var xb="男";
var xh="10001";
var nl=16;
document.write("学生的个人信息为"+"<br>");
document.write("姓名:"+xm+"<br>");
document.write("性别:"+xb+"<br>");
document.write("学号:"+xh+"<br>");
document.write("年龄:"+nl+"<br>");
</script>
<meta http-equiv="Content-Type" content="text/html; charset=gb2312">
</head>
<body>
</body>
</html>
```

（2）保存文件。

“文件”→“保存”，文件名为 2-1.html。

（3）运行文件。

在 DW 环境下按 F12 键对网页进行浏览，如图 2-1 所示。

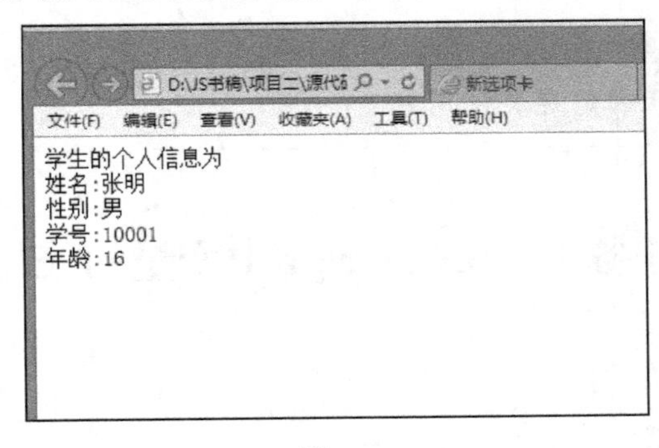

图 2-1

【知识链接】

1. JavaScript 的变量

变量是一种引用内存变量的容器，用于保存在执行脚本时可以更改的值。在 JavaScript 中，当网页被关闭以后，窗口内的变量也就立即被丢弃了。

2. 变量的命名规则

- 变量名必须以字母或下画线（“_”）开头。
- 变量名可以包含数字、从 A 到 Z 的大写字母和从 a 到 z 的小写字母。
- 区分大小写。

3. 声明变量

格式 1：var 变量名;

变量名=值;

功能：先声明变量，然后再赋值。

例：var a;

　　a=10;

格式 2：var 变量名=值;

功能：在声明变量的同时进行赋值。

例：var b=12;

格式 3：var 变量名 1，变量名 2，变量名 3;

功能：同时声明多个变量，每个变量之间用逗号隔开。

4．变量的作用域

全局变量：在<script>标记内，任何函数外声明的变量，可在脚本的任何位置访问全局变量。

局部变量：在一个函数中声明的变量，仅对该函数可用，脚本中的其他函数都不能访问。

任务 2　数 据 类 型

【任务目标】

（1）掌握 JavaScript 中的数据类型。

（2）掌握强制数据类型的转换。

【任务描述】

创建两个 html 文件，分别使用将“数字型转换成字符型”和“将字符型转换成数字型”的方法。

【操作步骤】

案例 1　创建 2-2-1.html 文档

（1）启动 DreamWeaver，在“代码”窗口中输入以下代码：

```
<html>
<head>
<title>将数字型转换成字符型</title>
<script language="javascript">
var A="12"+7.5;
var B="显示的数字是"+A;
alert(B);
</script>
<meta http-equiv="Content-Type" content="text/html; charset=gb2312">
</head>
<body>
```

```
</body>
</html>
```

（2）保存并运行文件，显示效果如图 2-2 所示。

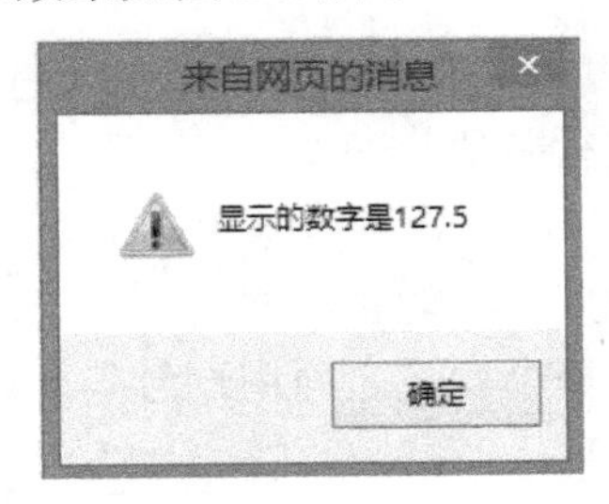

图 2-2

案例 2　创建 2-2-2.html 文件

（1）启动 DreamWeaver，在“代码”窗口中输入以下代码：

```
<html>
<head>
<title>将字符型转换成数字型</title>
<script language="javascript">
var x="12.5";
var y="2.5a";
var sum=parseInt(x)+parseFloat(y);
document.write("sum="+sum);
</script>
<meta http-equiv="Content-Type" content="text/html; charset=gb2312">
</head>
<body>
</body>
</html>
```

（2）保存并运行文件，网页显示如图 2-3 所示。

图 2-3

【知识链接】

1. 数据类型

- 数字型：包括整数和小数。如 23、12.4。
- 布尔型：执行逻辑运算，表示真和假，如 true 或 false。
- 字符串型：用双引号“”或单引号‘’括起来的字符或数字。如“中国”。
- 空型：表示空值。

2．将数字型转换为字符型数据

如果将一个字符串和一个数字组合在一起，JavaScript 会将数字转换成字符串。

3．将字符型转换为数字型数据

parseInt()：将字符串转换为整数。

parseFloat()：将字符串转换为浮点数。

说明：

（1）如果遇到除“+”、“-”、数字，小数点之外的其他字符，函数将忽略该字符及其后面的字符。

（2）如果参数中第一个字符就不能被转换为数字，函数就返回 NaN。

4．JavaScript 的特殊字符

\b：退格

\f：换页

\n：换行

\r：回车

\t：Tab 键

任务 3　JavaScript 运算符的使用

【任务目标】

（1）掌握算术运算符的使用。

（2）掌握比较运算符的使用。

（3）掌握逻辑运算符的使用。

（4）掌握字符串运算符的使用。

【任务描述】

通过 4 个案例让学生理解并掌握算术运算符、比较运算符、逻辑运算符和字符串运算符的使用。

【操作步骤】

案例 1　算术运算符的使用

（1）在 DreamWeaver“代码”窗口中输入如下代码：

```
<html>
<head>
<title>算术运算符的使用</title>
<script language="javascript">
var a=10;
document.write("a 的值等于:"+a+"<br>");
```

```
document.write("使用加法运算符:a+a="+(a+a)+"<br>");
document.write("使用乘法运算符:a*a="+(a*a)+"<br>");
document.write("使用求余运算符:a%3="+(a%3)+"<br>");
document.write("使用递减运算符:--a="+(--a)+"<br>");
document.write("使用递增运算符:++a="+(++a)+"<br>");
document.write("使用求相反运算符:-a="+(-a)+"<br>");
</script>
<meta http-equiv="Content-Type" content="text/html; charset=gb2312">
</head>
<body>
</body>
</html>
```

（2）保存文件 2-3-1.html，浏览页面如图 2-4 所示。

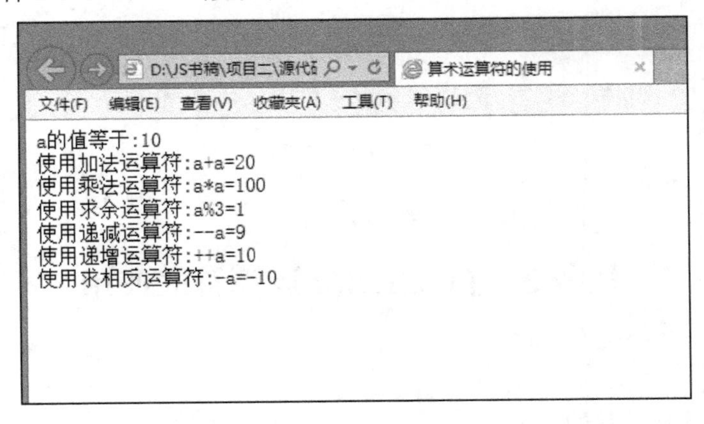

图 2-4

案例 2　比较运算符的使用

（1）在 DreamWeaver“代码”窗口中输入如下代码：

```
<html>
<head>
<title>比较运算符的使用</title>
<script language="javascript">
var x=8,y=9;
document.write("x 的值等于:"+x+" y 的值等于:"+y+"<br>");
document.write("条件 x<=y 的返回值是: "+(x<=y)+"<br>");
document.write("条件 x>=y 的返回值是: "+(x>=y)+"<br>");
document.write("条件 x!=y 的返回值是: "+(x!=y)+"<br>");
</script>
<meta http-equiv="Content-Type" content="text/html; charset=gb2312">
</head>
<body>
</body>
</html>
```

（2）保存文件 2-3-2.html。打开浏览器如图 2-5 所示。

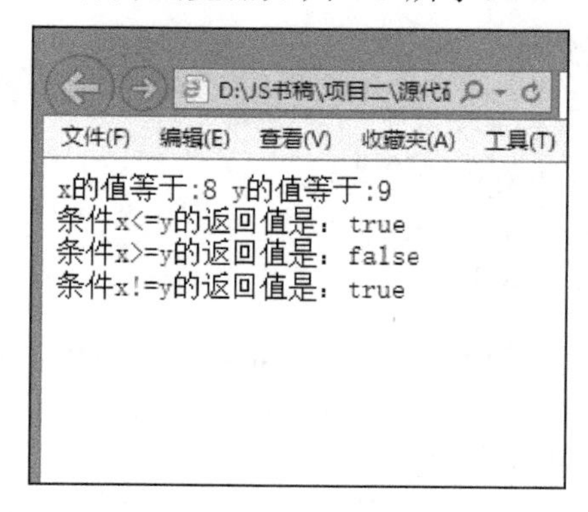

图 2-5

案例 3　逻辑运算符的使用

（1）在 DreamWeaver“代码”窗口中输入如下代码：

```
<html>
<head>
<title>逻辑运算符的使用</title>
<script language="javascript">
var x=3,y=4,e1=(x>y),e2=(x<y);
document.write("x 的值等于:"+x+" y 的值等于:"+y+"<br>");
document.write("5>y 值是: "+(5>y)+"<br>");
document.write("e1&&e2 的值是: "+(e1&&e2)+"<br>");
document.write("e1||e2 值是: "+(e1||e2)+"<br>");
document.write("!e2 值是: "+(!e2)+"<br>");
</script>
<meta http-equiv="Content-Type" content="text/html; charset=gb2312">
</head>
<body>
</body>
</html>
```

（2）保存文件 2-3-3.html。打开浏览器如图 2-6 所示。

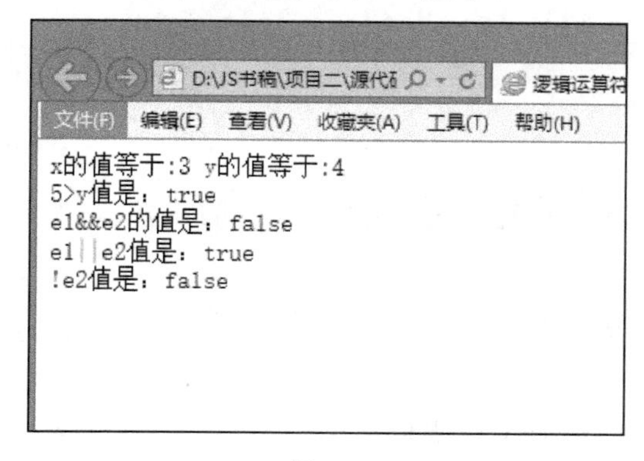

图 2-6

案例 4　字符串运算符的使用

（1）在 DreamWeaver“代码”窗口中输入如下代码：

```
<html>
<head>
<title>字符串运算符的使用</title>
<script language="javascript">
var x="yellow",y="red";
var z=x+y,w=z+9;
document.write("x 的值等于:"+x+" y 的值等于:"+y+"<br>");
document.write("z 值等于: "+(x+y)+"<br>");
document.write("w 值等于: "+(z+9)+"<br>");
</script>
<meta http-equiv="Content-Type" content="text/html; charset=gb2312">
</head>
<body>
</body>
</html>
```

（2）保存文件 2-3-4.html。打开浏览器如图 2-7 所示。

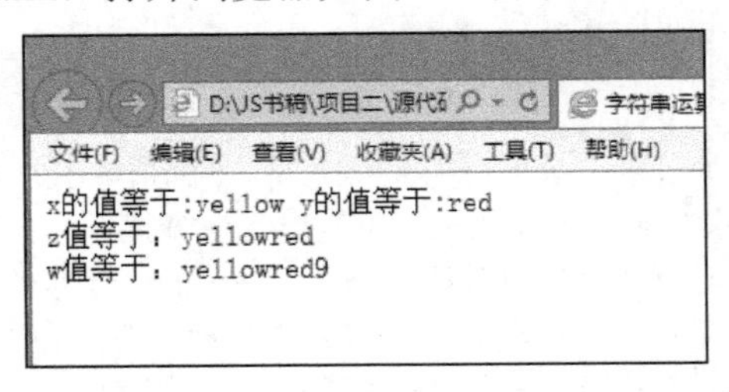

图 2-7

【知识链接】

1．算术运算符

（1）+　加法

（2）-　减法

（3）/　除法

（4）*　乘法

（5）%　求余

（6）++　递增

例如，a++返回递增前的 a 值；++a 返回递增后的 a 值。

（7）--　递减

例如，a--返回递减前的 a 值；--a 返回递减后的 a 值。

2．比较运算符

如果成立则返回 true，不成立则返回 false。

（1）==　等于

（2）! =　不等于
（3）>　大于
（4）>=　大于或等于
（5）<　小于
（6）<=　小于或等于

3. 逻辑运算符

（1）&&　与：运算符两边的值都为真，结果才为真。
（2）||　或：运算符两边只要有一个值为真，结果就为真。
（3）!　非：运算符右边的值为真，结果为假；反之，结果为真。

4. 字符串运算符

+　连接：将运算符两边的字符串连接起来。

任务 4　JavaScript 的运算符使用及表达式

【任务目标】

（1）掌握条件运算符的使用。
（2）掌握 typeof()运算符的使用。
（3）掌握赋值运算符的使用。
（4）掌握表达式的使用。

【任务描述】

通过 4 个案例让学生理解并掌握条件运算符、typeof()运算符、赋值运算符和表达式的使用。

【操作步骤】

案例 1　条件运算符

要求：输入你的年龄，如果在 18 岁以上，弹出消息框显示“你是成年人”，否则显示“你是未成年人”。

（1）在 DreamWeaver“代码”窗口中输入如下代码：

```
<html>
<head>
<title>条件运算符的使用</title>
<script language="javascript">
var age=prompt("请输入你的年龄：","0");
var st=(age>=18)?"成年人":"未成年人";
alert("你是"+st);
</script>
```

```
<meta http-equiv="Content-Type" content="text/html; charset=gb2312">
</head>
<body>
</body>
</html>
```

（2）保存 2-4-1.html 文件，浏览该网页，提示输入年龄，如图 2-8 所示。

图 2-8

单击“确定”按钮，弹出消息框，如图 2-9 所示。

图 2-9

案例 2　typeof()运算符

（1）在 DreamWeaver“代码”窗口中输入如下代码：

```
<html>
<head>
<title>typeof 运算符的使用</title>
<script language="javascript">
var a=4>3;
var b="hello";
alert("a 的数据类型是"+typeof(a)+"\nb 的数据类型是"+typeof(b));
</script>
<meta http-equiv="Content-Type" content="text/html; charset=gb2312">
</head>
<body>
</body>
</html>
```

（2）保存 2-4-2.html 文件，浏览该网页，结果如图 2-10 所示。

案例 3　赋值运算符

（1）在 DreamWeaver“代码”窗口中输入如下代码：

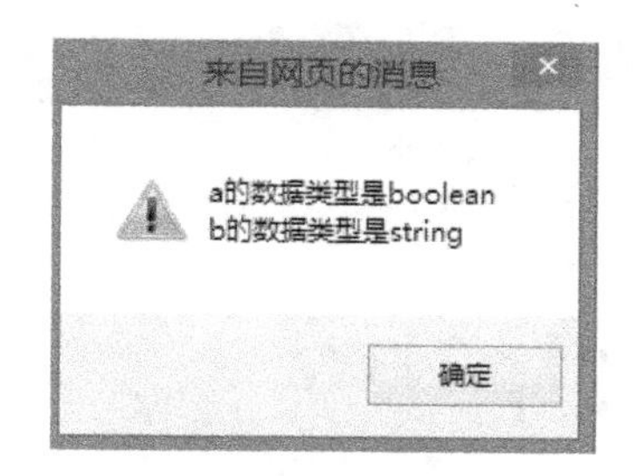

图 2-10

```
<html>
<head>
<title>赋值运算符的使用</title>
<script language="javascript">
var x=10,y=3;
document.write("x 的值为: "+(x+=y)+"<br>");
document.write("x 的值为: "+(x-=y)+"<br>");
document.write("x 的值为: "+(x*=y)+"<br>");
document.write("x 的值为: "+(x/=y)+"<br>");
document.write("x 的值为: "+(x%=y));
</script>
<meta http-equiv="Content-Type" content="text/html; charset=gb2312">
</head>
<body>
</body>
</html>
```

（2）保存 2-4-3.html 文件。浏览该网页，结果如图 2-11 所示。

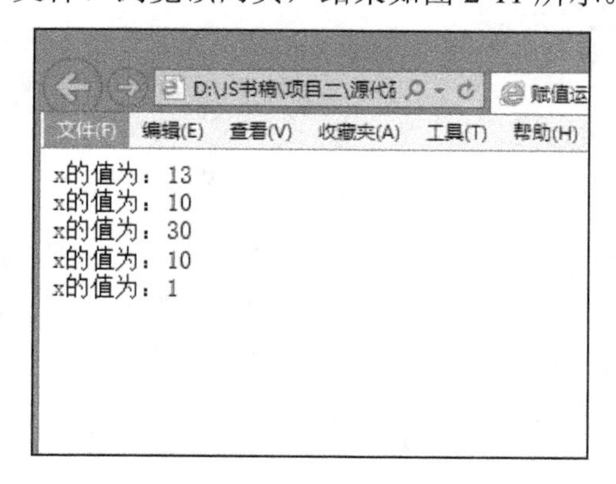

图 2-11

案例 4　表达式

要求：制作一个简单计算器。

（1）启动 DreamWeaver，在“设计”窗口制作如图 2-12 所示的表单。

说明：“第一个数”文本域是 n1，“第二个数”文本域是 n2，“结果”文本域是 n3。

（2）在 DreamWeaver 代码窗口中添加如下代码：

简易计算器

第一个数：	第二个数：	结果：

+	-	*	/

图 2-12

```
<script language="javascript">
function add()
{var n1=parseInt(form1.n1.value);
var n2=parseInt(form1.n2.value);
var n3=n1+n2;
form1.n3.value=n3;
}
function minx()
{var n1=parseInt(form1.n1.value);
var n2=parseInt(form1.n2.value);
var n3=n1-n2;
form1.n3.value=n3;
}
function plus()
{var n1=parseInt(form1.n1.value);
var n2=parseInt(form1.n2.value);
var n3=n1*n2;
form1.n3.value=n3;
}
function divd()
{var n1=parseInt(form1.n1.value);
var n2=parseInt(form1.n2.value);
var n3=n1/n2;
form1.n3.value=n3;
}
</script>
```

（3）选中“+”按钮，添加代码：

```
<input type="button" name="button" id="button" value="+" onClick=
"add()">
```

选中“–”按钮，添加代码：

```
<input type="button" name="button" id="button" value="-" onClick=
"minx()">
```

选中“*”按钮，添加代码：

```
<input type="button" name="button" id="button" value="*" onClick=
"plus()">
```

选中“+”按钮，添加代码：

```
<input type="button" name="button" id="button" value="/" onClick=
"divd()">
```

（4）保存 2-4-4.html 文件，浏览网页如图 2-13 所示。

【知识链接】

1．条件运算符

格式：（条件）？表达式 1：表达式 2；

功能：如果条件成立，则返回表达式 1 的值，否则返回表达式 2 的值。

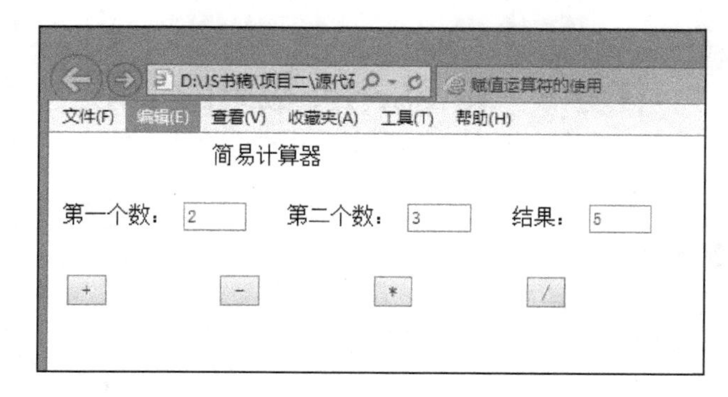

图 2-13

2．new 运算符

格式：新对象名=new 已存在对象（属性 1，属性 2，…，属性 *n*）；

功能：用于创建对象的实例。

3．typeof()运算符

格式：typeof(变量名);

功能：用于返回变量的数据类型。

4．赋值运算符

=　　x=y　将 y 的值赋给 x

+=　x+=y　x=x+y

−=　x−=y　x=x−y

=　x=y　x=x*y

/=　x/=y　x=x/y

%=　x%=y　x=x%y

5．运算符的优先级

由低到高的顺序：

赋值→条件运算符→逻辑运算符→比较运算符→算术运算符

说明：（1）逻辑运算符由低到高的顺序是：或→与→非

（2）比较运算符由低到高的顺序是：等于/不等于→小于/小于等于/大于/大于等于

（3）算术运算符低到高的顺序是：加/减→乘/除/求余→求反/递增/递减

6．表达式

表达式由常量、变量和运算符组成，其计算结果是一个值。这个值可以是数值、字符串或逻辑值。

JavaScript 有 3 种类型的表达式。

- 算术表达式：计算结果为数字。
- 逻辑表达式：计算结果为布尔值。
- 字符串表达式：计算结果为字符串。

任务5　JavaScript 数组的使用

【任务目标】

（1）掌握创建数组的方法。
（2）掌握给数组赋值的方法。
（3）掌握数组的常用方法。

【任务描述】

通过7个案例让学生理解并掌握创建数组、给数组赋值、数组的常用方法和使用技巧。

【操作步骤】

案例1　创建数组

（1）在 DreamWeaver 中编写如下代码：

```
<html>
<head>
<meta http-equiv="Content-Type" content="text/html; charset=gb2312" />
<title>数组的使用</title>
<script language="javascript">
st=new Array(4);
st[0]="10001";
st[1]="张明";
st[2]=16;
st[3]="男";
document.write("张明的个人信息：<br>");
document.write("学号:"+st[0]+"<br>");
document.write("姓名:"+st[1]+"<br>");
document.write("年龄:"+st[2]+"<br>");
document.write("性别:"+st[3]);
</script>
</head>
<body>
</body>
</html>
```

（2）保存 2-5-1.html 文件，浏览该文件，如图 2-14 所示。

案例2和案例3　数组的常用方法

（1）案例2　join()方法的使用。

① 在 DreamWeaver“代码”窗口中编写如下代码：

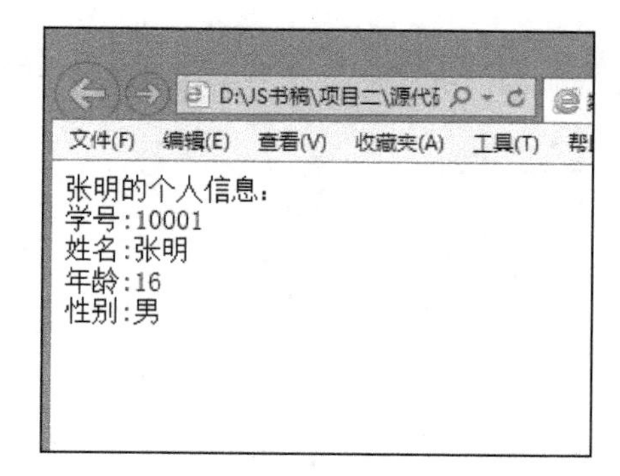

图 2-14

```
<html>
<head>
<meta http-equiv="Content-Type" content="text/html; charset=gb2312" />
<title>数组的方法使用</title>
<script language="javascript">
st=new Array(2);
st[0]="10001";
st[1]="张明";
document.write(st.join());
</script>
</head>
<body>
</body>
</html>
```

② 保存文件 2-5-2.html，浏览该网页，如图 2-15 所示。

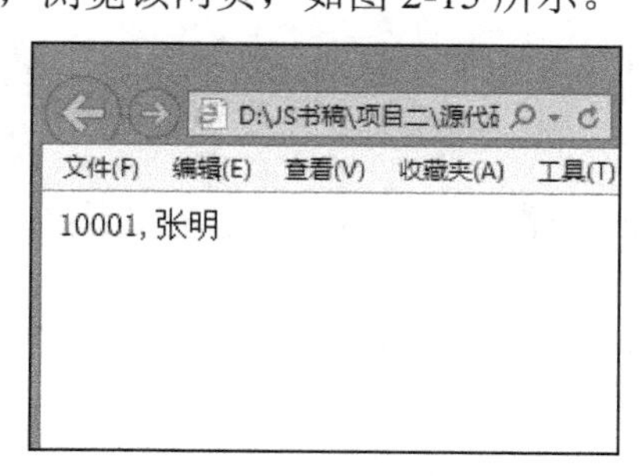

图 2-15

（2）案例 3 pop()方法的使用。

① 在 DreamWeaver“代码”窗口中编写如下代码：

```
<html>
<head>
<meta http-equiv="Content-Type" content="text/html; charset=gb2312" />
<title>数组的使用</title>
<script language="javascript">
st=new Array(3);
```

```
st[0]="xx";
st[1]="yy";
st[2]="zz";
document.write(st+"<br>");
document.write(st.pop()+"<br>");
document.write(st+"<br>");
document.write(st.length);
</script>
</head>
<body>
</body>
</html>
```

② 保存文件 2-5-3.html，浏览该网页，如图 2-16 所示。

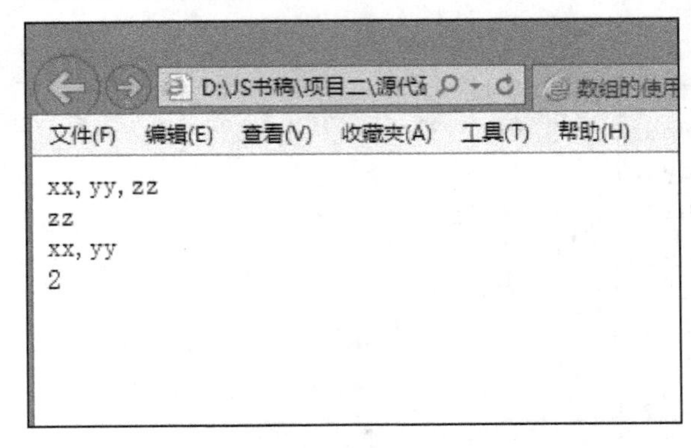

图 2-16

案例 4 push()方法的使用

（1）在 DreamWeaver“代码”窗口中编写如下代码：

```
<html>
<head>
<meta http-equiv="Content-Type" content="text/html; charset=gb2312" />
<title>数组的使用</title>
<script language="javascript">
var st=new Array(3);
st[0]="Sun";
st[1]="Tony";
st[2]="Tom";
document.write(st+"<br>");
document.write(st.push("Jone")+"<br>");
document.write(st);
</script>
</head>
<body>
</body>
</html>
```

（2）保存文件 2-5-4.html，游览该网页，如图 2-17 所示。

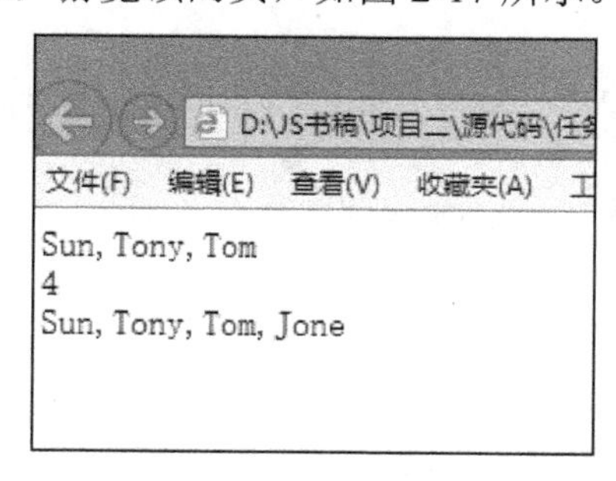

图 2-17

案例 5　reverse()方法的使用

（1）在 DreamWeaver“代码”窗口中编写如下代码：

```
<html>
<head>
<meta http-equiv="Content-Type" content="text/html; charset=gb2312" />
<title>数组的使用</title>
<script language="javascript">
var st=new Array(3);
st[0]="Sun";
st[1]="Tony";
st[2]="Tom";
document.write(st+"<br>");
document.write(st.reverse()+"<br>");
</script>
</head>
<body>
</body>
</html>
```

（2）保存文件 2-5-5.html，浏览该网页，如图 2-18 所示。

图 2-18

案例 6　shift()方法的使用

（1）在 DreamWeaver“代码”窗口中编写如下代码：

```
<html>
<head>
<meta http-equiv="Content-Type" content="text/html; charset=gb2312" />
<title>数组的使用</title>
<script language="javascript">
var st=new Array(3);
st[0]="Sun";
st[1]="Tony";
st[2]="Tom";
document.write(st+"<br>");
document.write(st.shift()+"<br>");
document.write(st+"<br>");
</script>
</head>
<body>
</body>
</html>
```

（2）保存文件 2-5-6.html，浏览该网页，如图 2-19 所示。

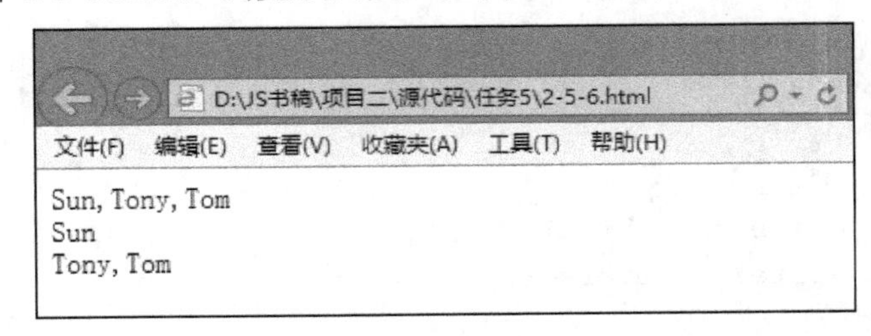

图 2-19

案例 7 sort()方法的使用

（1）在 DreamWeaver“代码”窗口中编写如下代码：

```
<html>
<head>
<meta http-equiv="Content-Type" content="text/html; charset=gb2312" />
<title>数组的使用</title>
<script language="javascript">
var st=new Array(3);
st[0]="Sun";
st[1]="Tony";
st[2]="Marry";
document.write(st+"<br>");
st.sort();
document.write(st+"<br>");
</script>
</head>
```

```
<body>
</body>
</html>
```

（2）保存文件 2-5-7.html，浏览该网页，如图 2-20 所示。

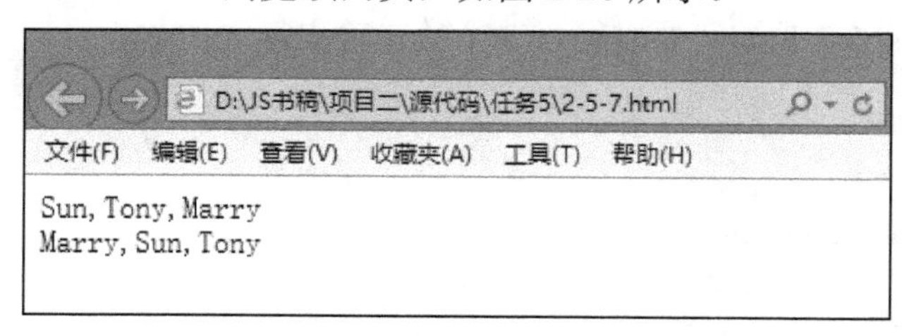

图 2-20

【知识链接】

1. 数组的定义

将一组数值按照顺序排列在一起，放在同一个变量中，通过数组下标引用这些值。数组的下标从零开始。

2. 创建数组

格式：数组名=new Array(元素个数);

例：emp=new Array(3);

3. 给数组元素赋值

方法 1：在创建数组的同时赋值

例：emp=new Array("Marry","Tony","Sun");

方法 2：先创建数组再赋值

例：emp=new Array(3);

emp[0]="Marry";

emp[1]="Tony";

emp[2]="Sun";

4. 数组的属性

格式：数组名.length

功能：返回该数组的元素个数。

5. 数组的常用方法

（1）join()：将数组元素组合为一个字符串。

（2）pop()：删除数组中最后一个元素，并且返回所删除的那个元素值。

（3）push()：向数组添加新的元素，并且返回添加后的那个数组元素。

（4）reverse()：将数组反转。

（5）shift()：从数组中删除第一个元素，并返回删除的那个元素。

（6）sort()：对数组中的元素按升序进行排序。

上机实习

（1）编写文件 sj-2-1.html，要求输入 3 个数，输出最大的数。

```
<html>
<head>
<title>sj-2-1</title>
<script language="javascript">
var n1=parseInt(prompt("请输入第一个数:","0"));
var n2=parseInt(prompt("请输入第二个数:","0"));
var n3=parseInt(prompt("请输入第三个数:","0"));
var n=(n1>n2)?n1:n2;
var m=(n>n3)?n:n3;
document.write("最大数为"+m);
</script>
<meta http-equiv="Content-Type" content="text/html; charset=gb2312">
</head>
<body>
</body>
</html>
```

（2）编写文件 sj-2-2.html，如图 2-21 所示，用户需要向数量、单价、折扣几个文本域中输入数值，在单击“计算”按钮时将算出书的总价合计，并将计算结果显示在合计文本框中。

“天天” 书店

序号	书名	数量	单价	折扣	合计	
1	PhotoShop图像处理					计算
2	Flash动画制作					计算

图 2-21

① 在 DreamWeaver 的“设计”窗口制作图 2-21 所示的表单。

说明：对于第一本书，“数量”文本域是 s1，“单价”文本域是 d1，“折扣”文本域是 z1，“合计”文本域是 h1。

对于第二本书，“数量”文本域是 s2，“单价”文本域是 d2，“折扣”文本域是 z2，“合计”文本域是 h2。

② 在 DreamWeaver 的“代码”窗口中添加如下代码：

```
<script language="javascript">
function js1()
{var s1=parseInt(form1.s1.value);
```

```
var d1=parseFloat(form1.d1.value);
var z1=parseInt(form1.z1.value);
var h1=s1*d1*z1/100;
form1.h1.value=h1;
}
function js2()
{var s2=parseInt(form1.s2.value);
var d2=parseFloat(form1.d2.value);
var z2=parseInt(form1.z2.value);
var h2=s2*d2*z2/100;
form1.h2.value=h2;
}
</script>
```

分别单击两个“计算”按钮加入下面代码：

```
<input type="button" name="button" id="button" value="计算" onClick=
"js1()">
<input type="button" name="button2" id="button2" value="计算" onClick=
"js2()">
```

（3）编写文件 sj-2-3.html，将值“hello”、12.34、true 分别赋给 3 个变量，在网页上显示这 3 个变量及其值的同时，弹出一个消息框，在消息框中显示 3 个变量的类型。

```
<html>
<head>
<meta http-equiv="Content-Type" content="text/html; charset=gb2312" />
<title>sj-2-3</title>
<script language="javascript">
var x="hello";
var y=12.34;
var z=true;
document.write("x="+x+"<br>");
document.write("y="+y+"<br>");
document.write("z="+z+"<br>");
alert("x 的数据类型是"+typeof(x)+"\ny 的数据类型是"+typeof(y)+"\nz 的数据类
型是"+typeof(z));
</script>
</head>
<body>
</body>
</html>
```

（4）在网页中制作如图 2-22 所示的表单，要求分别输入姓名和性别，当单击“姓名+性别”按钮时，相应的文本域中显示所输入的姓名和性别的值，单击“翻转值”按钮时，相应的文本域中显示所输入的性别和姓名的值。

说明：“姓名”文本域是 xm，“性别”文本域是 xb，“姓名+性别”文本域是 mb，“翻转值”文本域是 re。

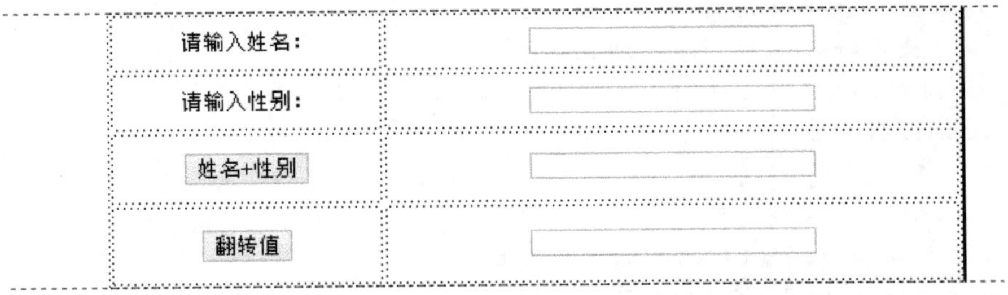

请输入姓名：

请输入性别：

姓名+性别

翻转值

图 2-22

① 在 DreamWeaver 中添加如下代码：

```
<script language="javascript">
function dojoin()
{inf=new Array(2);
inf[0]=form1.xm.value;
inf[1]=form1.xb.value;
form1.mb.value=inf.join();
}
function doreverse()
{inf=new Array(2);
inf[0]=form1.xm.value;
inf[1]=form1.xb.value;
form1.re.value=inf.reverse();
}
</script>
```

② 单击“姓名+性别”按钮，在代码窗口中添加：

```
<input type="button" name="button1" id="button1" value="姓名+性别"
onClick="dojoin()">
```

③ 单击“翻转值”按钮，在代码窗口中添加：

```
<input type="button" name="button" id="button" value="翻转值" onClick=
"doreverse()">
```

④ 保存文件，浏览效果如图 2-23 所示。

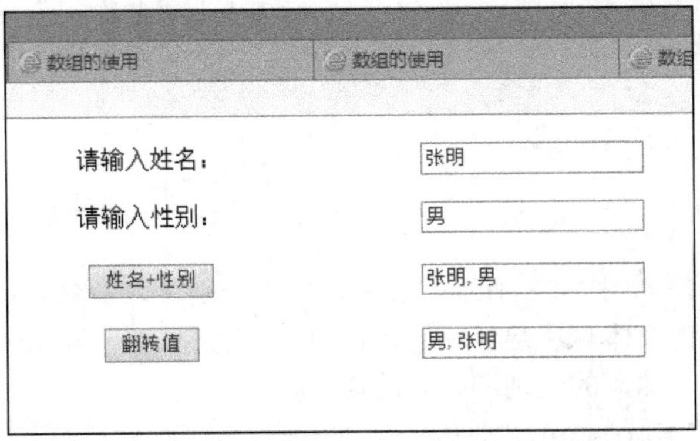

数组的使用 数组的使用 数组

请输入姓名： 张明

请输入性别： 男

姓名+性别 张明,男

翻转值 男,张明

图 2-23

（5）在 JavaScript 程序中创建一维数组，存储 3 个学生的姓名和专业，并在网页中显示这些信息。输出结果是：

张明是计算机应用专业
李东是平面设计专业
王兵是电子商务专业

```
<html>
<head>
<meta http-equiv="Content-Type" content="text/html; charset=gb2312" />
<title>数组的使用</title>
<script language="javascript">
xm=new Array(3);
zy=new Array(3);
xm[0]="张明";
xm[1]="李东";
xm[2]="王兵";
zy[0]="计算机应用专业";
zy[1]="平面设计专业";
zy[2]="电子商务专业";
document.write(xm[0]+"是"+zy[0]+"<br>");
document.write(xm[1]+"是"+zy[1]+"<br>");
document.write(xm[2]+"是"+zy[2]+"<br>");
</script>
</head>
<body>
</body>
</html>
```

项目三

JavaScript 的程序结构

项目目标

- 掌握 JavaScript 中的控制结构。
- 使用条件语句和循环语句。
- 了解 JavaScript 的内置函数。
- 创建自定义函数。

项目描述

本项目将通过 3 个任务来讲解 JavaScript 中程序分支结构的使用、循环结构的使用以及内置函数和自定义函数的使用。

任务 1 JavaScript 程序中的选择结构

【任务目标】

（1）掌握简单 if 语句。
（2）掌握 if…else 语句。
（3）掌握嵌套 if 语句。
（4）掌握 switch 语句。

【任务描述】

通过 4 个案例演示分别使学生理解并掌握简单 if 语句、if…else 语句、嵌套 if 语句和 switch 语句的使用方法。

【操作步骤】

案例 1 简单 if 语句

（1）启动 DreamWeaver，切换到“代码”窗口。

```
<html>
<head>
<title>简单 if 语句</title>
<script language="javascript">
var a=parseInt(prompt("请输入一个数字","0"));
if(a>0)
alert("你输入的是一个正数");
</script>
<meta http-equiv="Content-Type" content="text/html; charset=gb2312">
</head>
<body>
</body>
</html>
```

（2）保存 3-1-1.html 文件，浏览该网页，如图 3-1 所示。

图 3-1

输入数字“5”，单击“确定”按钮，弹出消息框，如图 3-2 所示。

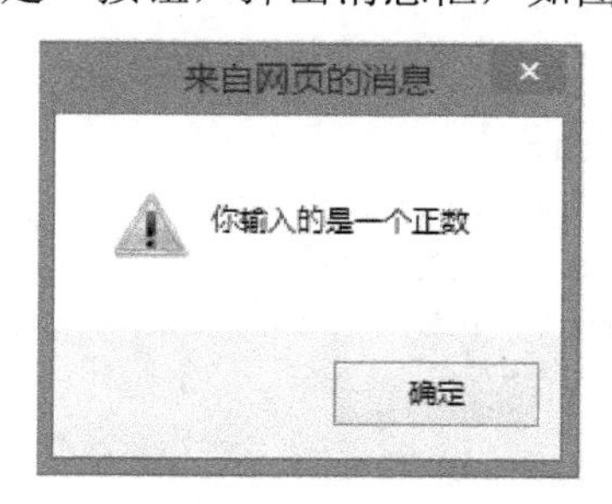

图 3-2

案例 2　if…else 语句

（1）启动 DreamWeaver，切换到“代码”窗口。

```
<html>
<head>
<title>if..else 语句</title>
<script language="javascript">
var a=parseInt(prompt("请输入一个数字","0"));
if(a>0)
alert("你输入的是一个正数");
else
```

```
alert("你输入的不是一个正数");
</script>
<meta http-equiv="Content-Type" content="text/html; charset=gb2312">
</head>
<body>
</body>
</html>
```

（2）保存3-1-2.html文件，浏览该网页，如图3-1所示，若输入数字“–3”，单击“确定”按钮，弹出消息框，如图3-3所示。

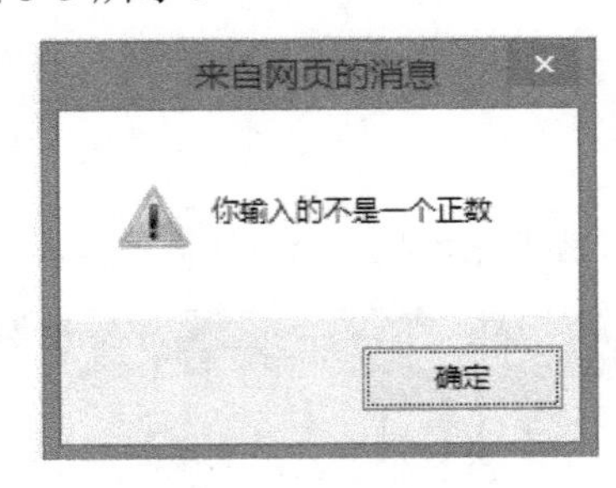

图3-3

案例3　嵌套if语句

案例要求，工龄在10年以上并且收入在5000元以上者，可以申请贷款买房，否则均不够条件。

（1）启动DreamWeaver，切换到“代码”窗口。

```
<html>
<head>
<title>嵌套 if 语句</title>
<script language="javascript">
var a=parseInt(prompt("请输入你的工龄","0"));
var b=parseInt(prompt("请输入你的收入","0"));
if(a>=10)
  {if(b>=5000)
  alert("你可以申请贷款买房");
else
  alert("你的收入在 5000 元以下，不可以申请贷款买房");}
else
  alert("你的工龄在 10 年以下，不可以申请贷款买房");
</script>
<meta http-equiv="Content-Type" content="text/html; charset=gb2312">
</head>
<body>
</body>
</html>
```

（2）保存3-1-3.html文件，浏览该网页，如图3-4所示。

图 3-4

此时输入数字 10，单击“确定”按钮，弹出消息框，如图 3-5 所示。

图 3-5

输入数字 6000，单击“确定”按钮，弹出消息框，如图 3-6 所示。

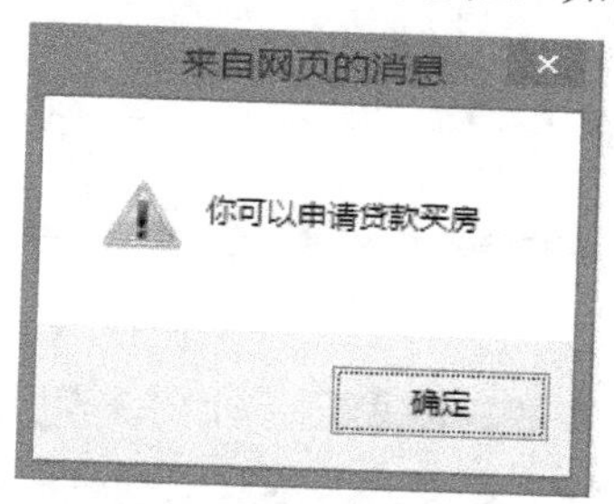

图 3-6

案例 4　switch 语句

（1）启动 DreamWeaver，切换到“代码”窗口。

```
<html>
<head>
<title>switch 语句</title>
<script language="javascript">
var day=prompt("输入一个数字(1~7)");
switch(day)
{
    case "1":document.write("今天是星期一");
    break;
    case "2":document.write("今天是星期二");
    break;
    case "3":document.write("今天是星期三");
```

```
      break;
      case "4":document.write("今天是星期四");
      break;
      case "5":document.write("今天是星期五");
      break;
      case "6":document.write("今天是星期六");:
      break;
      case "7":document.write("今天是星期日");
      break;
      default:document.write("输入有误");}
</script>
<meta http-equiv="Content-Type" content="text/html; charset=gb2312">
</head>
<body>
</body>
</html>
```

（2）保存3-1-4.html文件，浏览该网页，如图3-7所示。

图3-7

输入数字6，单击“确定”按钮，网页显示如图3-8所示。

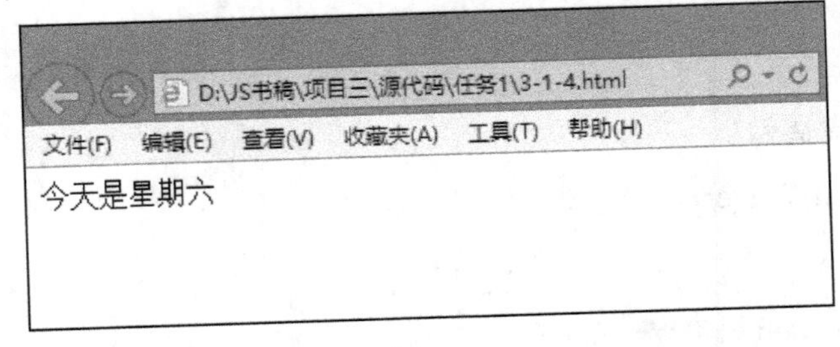

图3-8

【知识链接】

1. 简单if语句

格式：if(条件)

{语句序列;

}

功能：如果条件为真，则执行语句序列。

2．if…else 语句

格式：if(条件)

```
        {语句序列 1;}
        else
        {语句序列 2;}
```

功能：如果条件为真，就执行语句序列 1，否则执行语句序列 2。

3．嵌套 if 语句

格式：if(条件)

```
        {if(条件 1)
        {语句序列 1;}
else
        {语句序列 2;}
        }
else
        {if(条件 2)
        {语句序列 3;}
else
        {语句序列 4;}
        }
```

功能：如果条件为真，且条件 1 为真，则执行语句序列 1；若条件 1 不为真，则执行语句序列 2。

如果条件不为真，且条件 2 为真，则执行语句序列 3；若条件 2 不为真，则执行语句序列 4。

4．switch 语句

格式：switch(表达式){

```
        case  值 1：
        语句序列 1;
        break;
        case  值 2：
        语句序列 2;
        break;
        ⋮
        case  值 n：
        语句序列 n;
        break;
        default:语句;}
```

功能：如果表达式的值和 case 后面某一个值相等，就执行其后面的语句序列。如果表

达式的值和 *n* 个值都不相等，就执行 default 后面的语句。

任务 2　JavaScript 程序中的循环结构

【任务目标】

（1）掌握 for 循环语句。
（2）掌握 for…in 循环语句。
（3）掌握 do…while 循环语句。

【任务描述】

通过 4 个案例演示分别让学生理解并掌握 for 循环语句、for…in 循环语句、do…while 循环语句以及 break 和 continue 语句的使用方法，并理解它们在循环结构中的区别。

【操作步骤】

案例 1　for 循环语句

要求：计算 s=1+2+3+…+10

（1）启动 DreamWeaver，切换到“代码”窗口。

```
<html>
<head>
<title>for 循环语句</title>
<script language="javascript">
var s=0;
for(var i=1;i<=10;i++)
{s=s+i;}
document.write("s="+s);
</script>
<meta http-equiv="Content-Type" content="text/html; charset=gb2312">
</head>
<body>
</body>
</html>
```

（2）保存 3-2-1.html 文件。浏览该网页，如图 3-9 所示。

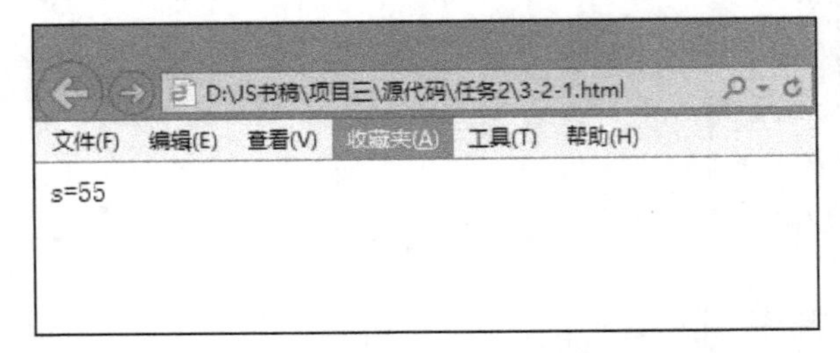

图 3-9

案例 2　for…in 循环语句

（1）启动 DreamWeaver，切换到“代码”窗口。

```
<html>
<head>
<title>for...in 循环语句</title>
<script language="javascript">
flower=new Array("百合","梅花","樱花");
for(var prop in flower)
{var record="花名";
record=record+prop+"="+flower[prop]+"<br>";
document.write(record);
}
</script>
<meta http-equiv="Content-Type" content="text/html; charset=gb2312">
</head>
<body>
</body>
</html>
```

（2）保存 3-2-2.html 文件，浏览该网页，如图 3-10 所示。

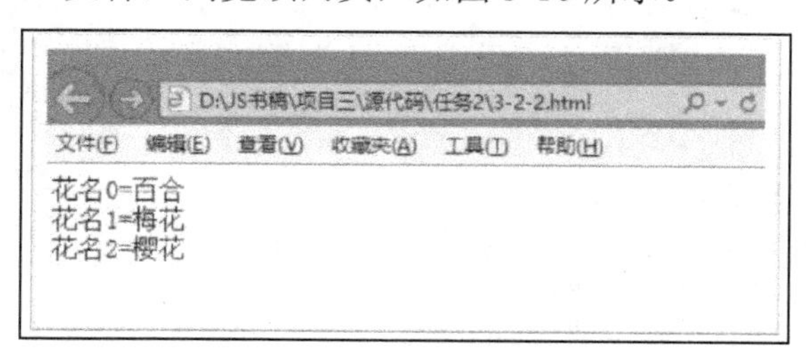

图 3-10

案例 3　do…while 循环语句

要求计算 s=1×2×3×…×10

（1）启动 DreamWeaver，切换到“代码”窗口。

```
<html>
<head>
<title>do...while 循环语句</title>
<script language="javascript">
var s=1;
var i=0;
do
{i++;
s=s*i;
}
while(i<10)
document.write("s="+s);
</script>
<meta http-equiv="Content-Type" content="text/html; charset=gb2312">
```

```
</head>
<body>
</body>
</html>
```

（2）保存 3-2-3.html 文件，浏览该网页，如图 3-11 所示。

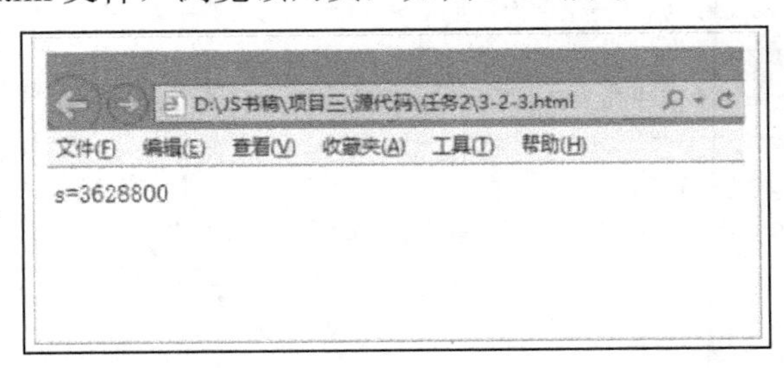

图 3-11

案例 4　break 语句和 continue 语句

要求：输入两个数字，要求输出这两个数字之间不能被 3 整除的数字，碰到能被 3 整除的数后，循环停止。

（1）启动 DreamWeaver，切换到“代码”窗口。

```
<html>
<head>
<title>break 语句</title>
<script language="javascript">
var n1=parseInt(prompt("请输入第一个数字","0"));
var n2=parseInt(prompt("请输入第二个数字","0"));
for(var con=n1;con<=n2;con++)
{if(con%3==0)
 {break;}
document.write(con+"<br>");
}
</script>
<meta http-equiv="Content-Type" content="text/html; charset=gb2312">
</head>
<body>
</body>
</html>
```

（2）保存 3-2-4.html 文件。浏览该网页，输入 10 和 20，如图 3-12 所示。

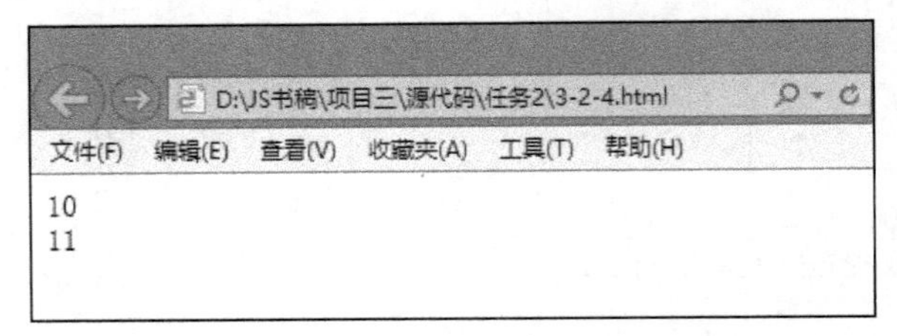

图 3-12

【知识链接】

1．for 循环语句

格式：for(初始化语句;循环条件;增量语句)
　　　{循环体;}

功能：在满足循环条件的基础上多次执行循环体。

2．for…in 语句

格式：for(变量 in 数组名)
　　　{循环体;}

功能：变量取遍数组中的每一个元素的下标值。

3．do…while 语句

格式：do
　　　{循环体;}
　　　while(条件)

功能：先执行循环体，再判断条件，当条件成立时，再次执行循环体，直到条件不成立。

4．while 语句

格式：while(条件)
　　　{语句;}

功能：当条件成立时，执行相应的循环语句，再返回条件进行判断，直到条件不成立，退出循环。

5．break 语句

格式：break;

功能：强行终止循环语句的执行，从当前位置跳出循环，然后继续执行循环后面的语句。

6．continue 语句

格式：continue;

功能：遇到 continue 语句时，将跳过当前循环中的其余语句，然后继续执行下一次循环。

任务 3　JavaScript 自定义函数的使用

【任务目标】

（1）掌握自定义函数的定义。

（2）掌握自定义函数的调用。

【任务描述】

在用户注册表单中输入用户名和密码，如果用户名为空或密码长度小于 6 位则不能成功注册。

【操作步骤】

（1）启动 DreamWeaver，在“设计”窗口制作如图 3-13 所示表单。

用户注册表单

用户名：	
密码：	
	注册

图 3-13

（2）切换到“代码”视图，添加如下代码。

注意：用户名文本域是 user，密码文本域是 pwd。

```
<script language="javascript">
function test()
{var user=form1.user.value;
varpwd=form1.pwd.value;
if(user.length==0)
  {alert("请输入用户名");}
else
   {if(pwd.length<6)
    alert("密码长度不能少于 6 位")
     else
     {alert("注册成功");}
   }
     }
</script>
```

（3）调用 test()函数。

在“设计”窗口选中“注册”按钮，在“代码”窗口添加如下代码：

```
<input type="button" name="button" id="button" value="注册" onClick=
"test()">
```

（4）保存 3-3-1.html 文件，浏览该网页，如图 3-14 所示。单击“注册”按钮，弹出如图 3-15 所示的消息框。

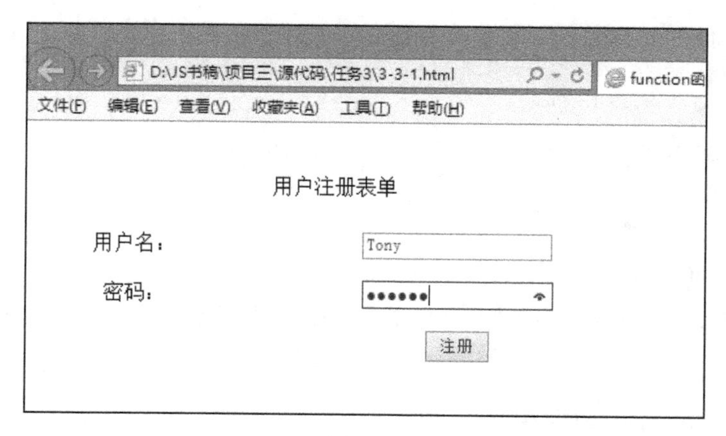

图 3-14

图 3-15

【知识链接】

1．自定义函数的定义

格式：function 函数名(参数 1,参数 2,…)
　　　{语句;}
说明：自定义函数一般放在文件 head 部分。

2．自定义函数的调用

格式：函数名(值 1,值 2,…);

3．return 子句

格式：return value;
功能：返回一个值。

任务 4　JavaScript 内置函数的使用

【任务目标】

（1）掌握 eval()函数的使用。

（2）掌握 isNaN()函数的使用。

【任务描述】

通过两个案例让学生理解 eval()函数和 isNaN()函数的使用方法。

【操作步骤】

案例 1　eval()函数

（1）启动 DreamWeaver，在“代码”视图中添加如下代码。

```
<html>
<head>
<title>eval()函数</title>
<script language="javascript">
var a=5,b=15;
document.write(eval("a+b+20"));
</script>
<meta http-equiv="Content-Type" content="text/html; charset=gb2312">
</head>
<body>
</body>
</html>
```

（2）保存 3-4-1.html 文件，浏览该网页，如图 3-16 所示。

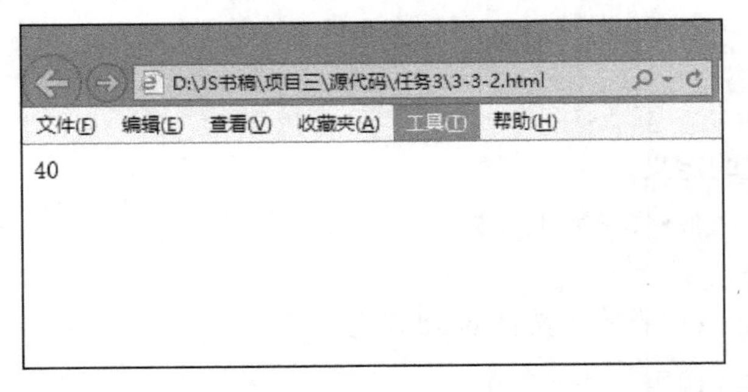

图 3-16

案例 2　isNaN()函数

要求：输入一串字符串，直到输入数字结束，并输出这个字符串。

（1）启动 DreamWeaver，在“代码”视图中添加如下代码。

```
<html>
<head>
<title>isNaN()函数</title>
<script language="javascript">
var s="";
var n=prompt("请输入一个字符");
while(isNaN(n))
{s=s+n;
```

```
n=prompt("请输入一个字符");
}
document.write("输入的字符串是"+s);
</script>
<meta http-equiv="Content-Type" content="text/html; charset=gb2312">
</head>
<body>
</body>
</html>
```

（2）保存 3-4-2.html 文件。

【知识链接】

1．eval()函数

格式：eval(string)

功能：计算字符串的值或执行这些语句。

说明：string 可以是表达式、语句或语句组。

2．iSNaN()函数

格式：isNaN(参数)

功能：检验参数是否是一个数字，如果不是则返回 true，否则返 false。

上机实习

（1）根据系统的时间，提示“上午好！”或“下午好！”。

```
<html>
<head>
<title>上机 sj-3-1</title>
<script language="javascript">
var time=new Date(); //获取系统的当前时间
var hour=time.getHours();//获取系统当前具体的小时
if(hour<=12)
alert("上午好!");
else
{ if(hour<=18)
     alert("下午好! ");
        else
        alert("晚上好!");
  }

</script>
<meta http-equiv="Content-Type" content="text/html; charset=gb2312">
</head>
```

```
<body>
</body>
</html>
```

（2）使用 for 循环语句输出投票排名。

```
<html>
<head>
<title>上机 sj-3-2</title>
<meta http-equiv="Content-Type" content="text/html; charset=gb2312">
</head>
<body>
<table width="660" height="148" border="0">
<tr>
<td height="76" colspan="2" align="center">2015 年男子羽毛球世界排名</td>
</tr>
<tr>
<td width="103"height="66"valign="top"style="padding-left:50px; font-
size:16px">谌龙<br>
林丹<br>
    J-约根森<br>
斯里坎特</td>
<td width="364"><SCRIPT LANGUAGE = "JavaScript">
    for (var i= 0; i< 4; i++)
        document.write("<IMG src='line.gif'height=15 width="+(80+i*
        20)+">"+(80+i*20)+"票<BR>");
    </SCRIPT></td>
</tr>
</table>
</body>
</html>
```

网页浏览显示结果如图 3-17 所示。

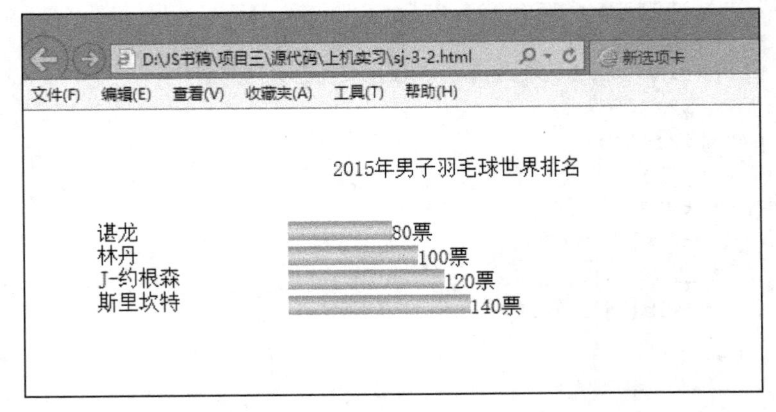

图 3-17

（3）网页中输出如图 3-18 所示的图形。

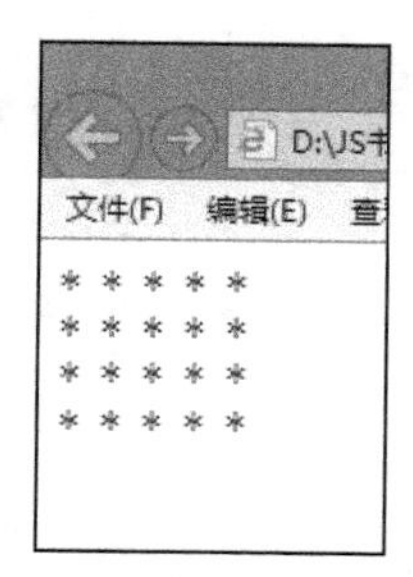

图 3-18

```
<html>
<head>
<title>sj-3-3</title>
<script language="javascript">
var n=1;
while(n<=4)
{ var m=1;
while(m<=5)
{document.write(" "+"*");
m++;}
    document.write("<br>");
    n++;}
</script>
<meta http-equiv="Content-Type" content="text/html; charset=gb2312">
</head>
<body>
</body>
</html>
```

（4）每次输入一个数字，计算它们的累加和，直到输入数字 0 结束。

```
<html>
<head>
<title>sj-3-3</title>
<script language="javascript">
varst=false;
var s=0;
while(st==false)
{var n=prompt("请输入一个数字，键入 0 停止","0");
if(parseInt(n)==0)
st=true;
else
s=s+parseInt(n);}
document.write("输入数字的和为："+s);

</script>
<meta http-equiv="Content-Type" content="text/html; charset=gb2312">
</head>
```

```
<body>
</body>
</html>
```

（5）输入两个数，输出两个数之间不能被 7 整除的数。

```
<html>
<head>
<title>sj-3-3</title>
<script language="javascript">
var n1=parseInt(prompt("请输入第一个数","0"));
var n2=parseInt(prompt("请输入第二个数","0"));
for(var con=n1;con<=n2;con++)
{if(con%7==0)
continue;
document.write(con+"<br>");
}
</script>
<meta http-equiv="Content-Type" content="text/html; charset=gb2312">
</head>
<body>
</body>
</html>
```

（6）对用户登录表单进行验证，要求用户名不能为空，密码不能为空且必须是数字。打开 sj-3-6 素材.html 文件，在<script></script>内添加如下代码。

```
<SCRIPT language=javascript>
<!--
functioncheckForm()
{
    var name=document.form1.txtName.value;
    var password=document.form1.txtPass.value
    if (name=="")
    {
        alert("用户名不能为空!");
            }
    else
    {if (password=="")
    {
        alert("密码不能为空!");
            }
    else
    {
        if(isNaN(password))
        {
            alert("密码输入必须是数字");
                }
    else
```

```
        {alert("恭喜你，登录成功");}
        }
        }
    }
    </SCRIPT>
```

在“设计”窗口中单击“登录”按钮，在左边的“代码”窗口中添加如下代码：

```
<INPUT type=button value="登录"name=button id="button"onClick="check-
Form()">
```

项目四

JavaScript的核心对象

项目目标

- 掌握 JavaScript 的 String 对象。
- 掌握 JavaScript 的 Math 对象。
- 掌握 JavaScript 的 Date 对象。
- 掌握 JavaScript 的 Window 对象。

项目描述

本项目将通过 4 个任务来分别介绍 JavaScript 的 String 对象、Math 对象、Date 对象和 Window 对象的方法与属性的使用。

任务 1　JavaScript 的 String 对象

【任务目标】

（1）掌握 String 对象的创建。
（2）掌握 String 对象的方法与属性。

【任务描述】

案例 1：输入邮箱地址，单击“提交”按钮，对输入的地址进行合法性验证，要求邮箱地址中必须含有“@”符号，并且不能出现在第一个位置。如果输入不合法，给出错误提示。若输入正确，则弹出欢迎框。

案例 2：让学生掌握几个 String 对象的属性。

【操作步骤】

案例 1

（1）启动 DreamWeaver，在“设计”窗口中创建如图 4-1 所示的表单。

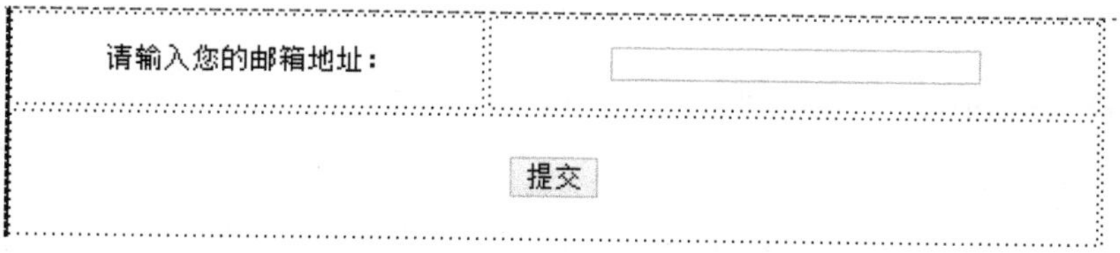

请输入您的邮箱地址：

提交

图 4-1

说明：邮箱地址文本框是 email，“提交”按钮的动作是“无”。

（2）在“代码”视图下添加如下代码：

```
<script language="javascript">
function test(f)
{var index=f.indexOf("@",0) //获得@符号在邮箱地址中的位置
if(index<=0)
alert("输入的邮箱地址无效");
else
var user=f.substr(0,index);
alert("欢迎"+user.toUpperCase());
}

</script>
```

在“设计”视图下，单击“提交”按钮，在“代码”视图下添加如下代码：

```
<input type="button" name="button" id="button" value="提交" onClick=
"test(form1.email.value)">
```

（3）保存 4-1-1.html 文件，浏览该网页，如图 4-2 和图 4-3 所示。

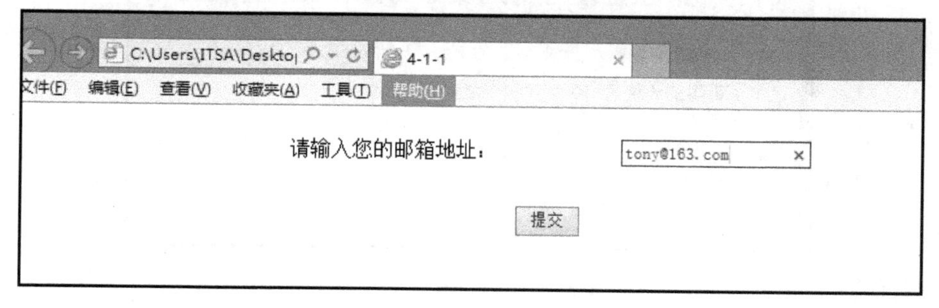

图 4-2

图 4-3

案例 2

（1）启动 DreamWeaver，在“代码”窗口中输入如下代码。

```
<html>
<head>
<title>String 对象的属性</title>
<script language="javascript">
var n="这个字符串的长度是:";
var s1="这是斜体字";
var s2="这是大号字";
var s3="这是小号字";
var s4="这是红色字";
document.write(n+n.length+"<br>");
document.write(s1.italics()+"<br>");
document.write(s2.big()+"<br>");
document.write(s3.small()+"<br>");
document.write(s4.fontcolor("red"));
</script>
<meta http-equiv="Content-Type" content="text/html; charset=gb2312">
</head>
<body>
</body>
</html>
```

（2）保存 4-1-2.html 文件。浏览该网页，如图 4-4 所示。

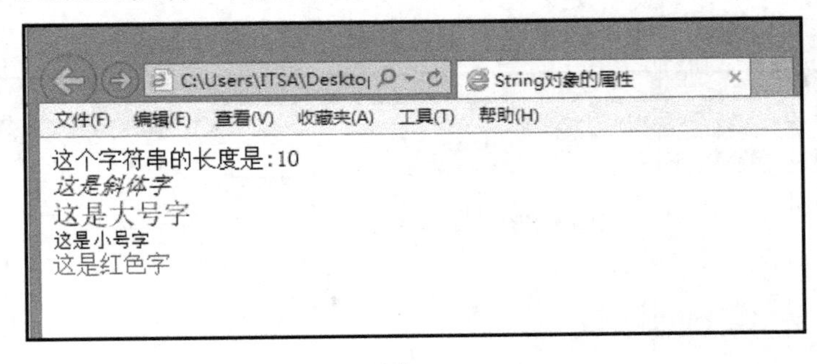

图 4-4

【知识链接】

1. String 对象的创建

格式 1：var newstr= “这是我的字符串”；

格式 2：newstr= “这是我的字符串”；

格式 3：var newstr=new String(“这是我的字符串”);

2. String 对象的属性

格式：对象名.length

功能：返回对象的长度。

3．String 对象的方法

（1）toLowerCase()：将字符串转换为小写。

（2）toUpperCase()：将字符串转换为大写。

（3）charAt(数字 *n*)：返回第 *n* 个位置的字符。

说明：*n* 从 0 开始。

（4）indexOf(字符串,*n*)：从第 *n* 个位置开始查找指定的字符串出现的位置，返回一个数值。

（5）substr(数值,*n*)：返回从指定位置开始的 *n* 个字符串。

（6）bold()：将字符串文本设为粗体。

（7）fontcolor()：设置确定字符串的颜色。

（8）italics()：将字符串设置为斜体。

（9）small()：减小字符串文本的大小。

（10）strike()：给字符串添加下画线。

（11）sub()：将文本设置为下标。

（12）sup()：将文本设置为上标。

任务 2　JavaScript 的 Math 对象

【任务目标】

（1）掌握 Math 对象的属性。

（2）掌握 String 对象的方法。

【任务描述】

案例 1：在文本域中输入圆的半径，单击“显示面积”按钮，弹出一个消息框显示圆的面积。

案例 2：输入 3 个数，单击“显示最大数”按钮，弹出一个消息框显示最大数。

【操作步骤】

案例 1

（1）启动 DreamWeaver，在“设计”窗口中制作如图 4-5 所示的表单。

输入一个圆的半径：	
计算圆的面积	

图 4-5

说明：半径文本域是 r。

（2）在“代码”窗口中添加如下代码：

```
<script language="javascript">
function mj(x)
{var s;
s=Math.PI*x*x;
alert("圆的面积是"+Math.round(s));
}

</script>
```

（3）在“设计”窗口中，单击“计算圆面积”按钮，在“代码”窗口中添加如下代码：

```
<input type="button" name="button" id="button" value="计算圆的面积"
onClick="mj(form1.r.value)">
```

（4）保存 4-2-1.html 文件。浏览该网页，如图 4-6 和图 4-7 所示。

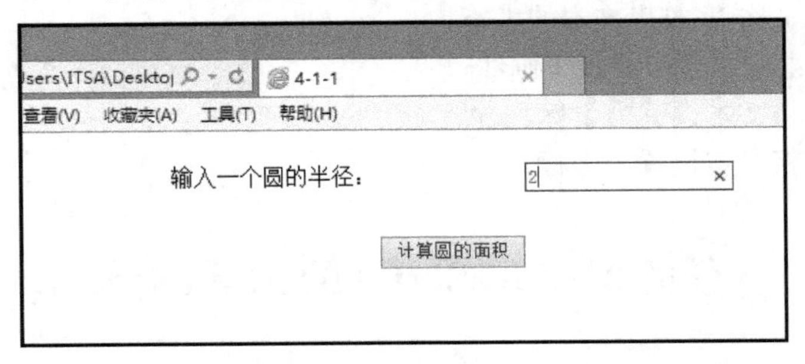

图 4-6

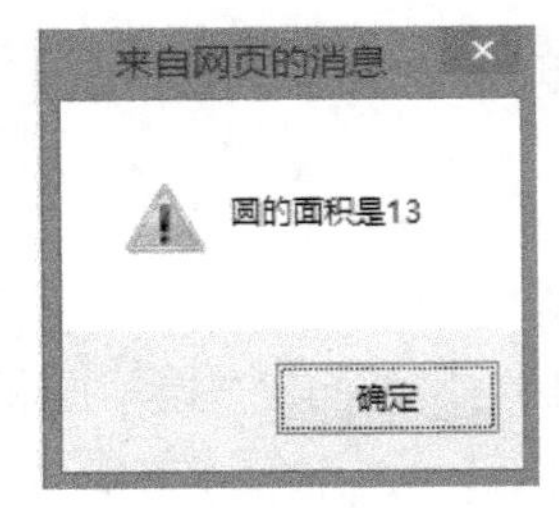

图 4-7

案例 2

（1）启动 DreamWeaver，在“设计”窗口中制作如图 4-8 所示的表单。

第一个数：	
第二个数：	
第三个数：	
显示最大数	

图 4-8

说明：第一个数文本域是 n1，第二个数文本域是 n2，第三个数文本域是 n3。

（2）在“代码”窗口中添加如下代码：

```
<script language="javascript">
function test(x,y,z)
{var s;
s=Math.max(Math.max(x,y),z);
alert("最大数是"+s);
}
</script>
```

（3）在“设计”窗口中单击“计算圆面积”按钮，在“代码”窗口中添加如下代码：

```
<input type="button"name="button"id="button"value="显示最大数"onClick=
"test(form1.n1.value,form1.n2.value,form1.n3.value)">
```

（4）保存 4-2-2.html 文件。浏览该网页，如图 4-9 所示。

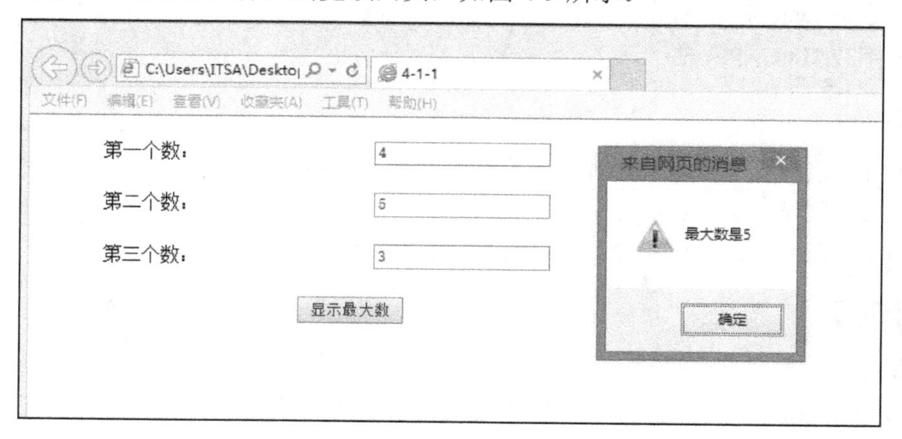

图 4-9

【知识链接】

1. Math 对象的功能

Math 对象用于进行高级算术运算。

2. Math 对象的属性

（1）Math.PI：PI 值等于 3.1415。

（2）Math.E：E 值等于 2.1718。

（3）Math.LN10：LN10 值等于 2.302。

3. Math 对象的方法

（1）Math.abs(y)：返回 y 的绝对值。

（2）Math.sin(y)：返回 y 的正弦值。

（3）Math.cos(y)：返回 y 的余弦值。

（4）Math.tan(y)：返回 y 的正切值。

（5）Math.min(x,y)：返回 x 和 y 中较小的一个。

（6）Math.max(x,y)：返回 x 和 y 中较大的一个。
（7）Math.round(y)：将 y 四舍五入到最接近的整数。
（8）Math.sqrt(y)：返回 y 的平方根。
（9）Math.ceil(y)：返回大于或等于 y 的最小整数。
（10）Math.floor(y)：返回小于或等于 y 的最大整数。

任务 3　JavaScript 的 Date 对象

【任务目标】

（1）掌握 Date 对象的创建方法
（2）掌握 Date 对象的属性。
（3）掌握 Date 对象的方法。

【任务描述】

案例 1：在网页中以中文形式显示系统当前的具体日期。
案例 2：制作一个秒表。
案例 3：在网页中输出距今 2017 年高考还有多少天。

【操作步骤】

案例 1

（1）启动 DreamWeaver，在“代码”窗口中添加如下代码：

```
<html>
<head>
<title>显示日期 4-3-1</title>
<script language="javascript">
var time=new Date();
var year=time.getFullYear(); //获得系统的年份
var month=time.getMonth();  //获得系统的月份
var date=time.getDate();    //获得系统的日期
document.write("今天是："+year+"年"+month+"月"+date+"日");
</script>
<meta http-equiv="Content-Type" content="text/html; charset=gb2312">
</head>
<body>
</body>
</html>
```

（2）保存 4-3-1.html 文件，浏览该网页，结果如图 4-10 所示。

案例 2

（1）在 DreamWeaver 的“设计”窗口中制作如图 4-11 所示的表单。

图 4-10

当前的时间是：

图 4-11

（2）在“代码”窗口中添加如下代码：

```
<script language="javascript">
function disptime()
{
var time=new Date();
var hour=time.getHours(); //获得系统的小时
var minute=time.getMinutes();  //获得系统的分钟
var second=time.getSeconds();  //获得系统的秒数
var temp=" "+hour+":"+minute+":"+second;
document.form1.time.value=temp;
id=setTimeout("disptime()",1000); //每隔 1000 毫秒执行一次 disptime()
}
</script>
```

（3）在<body>标记内添加如下代码：

```
<body onLoad="disptime()">
```

（4）保存 4-3-2.html 文件，浏览该网页，结果如图 4-12 所示。

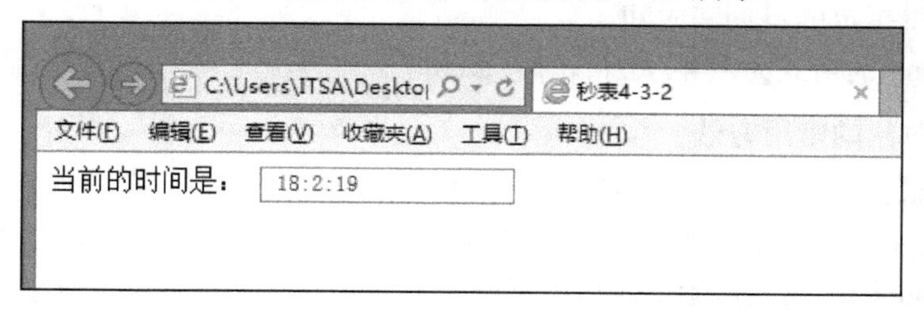

图 4-12

案例 3

（1）在 DreamWeaver“代码”窗口中输入如下代码：

```
<html>
<head>
<title>4-3-3</title>
<script language="javascript">
var today=new Date();
```

```
var day1=new Date("2017/6/7");
var n=day1.getTime()-today.getTime();
var oneday=24*60*60*1000;
var days=Math.ceil(n/oneday);
document.write("今天距 2017 年高考还有"+days+"天");
</script>
<meta http-equiv="Content-Type" content="text/html; charset=gb2312">
</head>
<body>
</body>
</html>
```

（2）保存 4-3-3.html 文件，浏览该网页，结果如图 4-13 所示。

图 4-13

【知识链接】

1．创建 Date 对象

格式 1：var 对象名=new Date();

功能：获得系统当前的日期和时间。

格式 2：var 对象名=new Date("string");

功能：获得指定的日期和时间。

说明：string 的格式为"年/月/日，时:分:秒"。

2．Date 对象的常用方法

（1）getDate()：返回对象的日期（1～31）。

（2）getDay()：返回对象的星期（0～6）。

（3）getHours()：返回对象的小时数（0～23）。

（4）getMinutes()：返回对象的分钟数（0～59）。

（5）getSeconds()：返回对象的秒数（0～59）。

（6）getMonth()：返回对象的月份（0～11）。

（7）getFullYear()：返回对象的年份（4 位数）。

3．对象操作语句

（1）with 语句。

格式：with(对象)

```
{语句;}
```

功能：告诉 JavaScript 哪一个对象是脚本正在使用的对象。

例如：

```
var a,b,c;
var r=10;
With(Math){
a=PI*r*r;
b=r*cos(PI);
c=R*sin(PI/2);
document.write(a+ "<br>" );
document.write(b+ "<br>" );
document.write(c);
```

（2）this 语句。

功能：this 语句用于引用当前对象，并可以引用当前对象的相应属性。

格式：this.属性

任务 4　JavaScript 的 Window 对象

【任务目标】

（1）了解什么是 Window 对象。

（2）掌握 Window 对象的 open()方法。

（3）掌握 Window 对象的 close()方法。

（4）掌握页面加载事件 onLoad。

【任务描述】

案例 1：加载一个网页时会打开一个广告窗口。

案例 2：关闭弹出的广告窗口。

案例 3：打开指定窗口的大小。

【操作步骤】

案例 1

（1）打开素材 4-4-1.html 文件，在 DreamWeaver 的“代码”窗口中，在<head>和</head>之间添加<script>标签，脚本代码如下：

```
<script language="javascript">
function advWindow()
{window.open("adv.html");
}
</script>
```

（2）为网页添加 onLoad 事件。

在<body>标签中添加 onLoad 事件，对应的代码如下：

```
<body onLoad="advWindow()">
```

（3）保存 4-4-1.html 文件，浏览该网页。如图 4-14 和图 4-15 所示。

图 4-14

图 4-15

案例 2

（1）打开素材 adv.html 文件，在 DreamWeaver 的“代码”窗口中，在<head>和</head>之间添加<script>标签，脚本代码如下：

```
<script language="javascript">
```

```
function closeWindow(){
    window.close();}
</script>
```

（2）为“关闭广告窗口”按钮添加 onClick 事件代码：

```
<input type="button"name="button"id="button"value="关闭广告窗口"onClick=
"closeWindow()">
```

案例 3

（1）打开素材 4-4-3.html 文件，在 DreamWeaver 的“代码”窗口中，在<head>和</head>之间添加<script>标签，脚本代码如下：

```
<script language="javascript">
function advWindow(){
   window.open("adv1.html","","toolbar=1,scrollbars=0,location=1,
   status=1,menubar=1,resizable=0,width=320,height=400");
}
</script>
```

（2）为网页添加 onLoad 事件。

```
<body onLoad="advWindow()">
```

（3）保存 4-4-3.html 文件，浏览该网页，弹出如图 4-16 所示窗口。

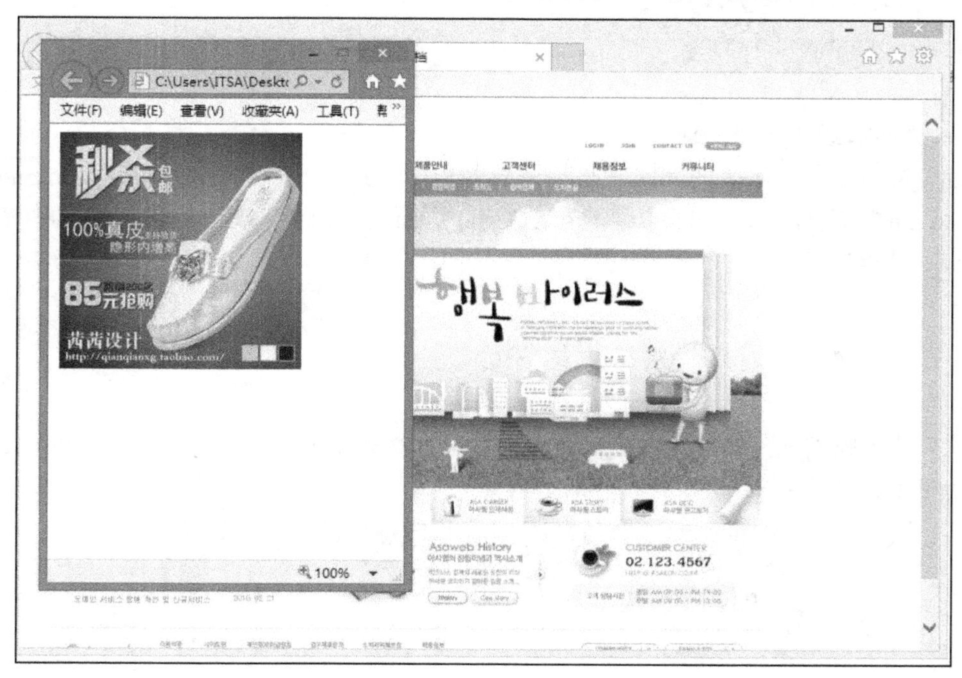

图 4-16

【知识链接】

1. Window 对象简介

当单击一个链接打开一个网页时，首先看到的是一个浏览器窗口。这个浏览器窗口实际上就是一个 Window 对象。

2．Window.open()方法

格式：Window.open(“打开的窗口地址”，“窗口名”，“窗口特征”);

功能：打开一个指定的浏览器窗口。

说明：窗口特征的参数见表 4-1。

表 4-1

属 性 名 称	说　　明
toolbar	工具栏显示控制，yes 或 1 代表显示，no 或 0 代表隐藏
menubar	菜单栏显示控制，yes 或 1 代表显示，no 或 0 代表隐藏
location	地址栏显示控制，yes 或 1 代表显示，no 或 0 代表隐藏
status	状态栏显示控制，yes 或 1 代表显示，no 或 0 代表隐藏
scrollbars	滚动条显示控制，yes 或 1 代表显示，no 或 0 代表隐藏
resizable	是否可以调整窗口大小，yes 或 1 代表显示，no 或 0 代表隐藏
width	窗口打开的宽度
height	窗口打开的高度

3．Window.close()方法

格式：Window.close();

功能：关闭浏览器窗口。

4．页面加载事件 onLoad 事件

如果希望在加载页面的同时开启一个新的窗口，此时就需要借助页面的 onLoad 事件来完成。通常都会将 onLoad 事件放在 HTML 页面的<body>标签中，然后在事件中调用 JavaScript 脚本。

上 机 实 习

（1）输入邮箱地址和用户密码，要求邮箱地址必须符合规则，并且密码长度在 6 位以上，如图 4-17 所示。

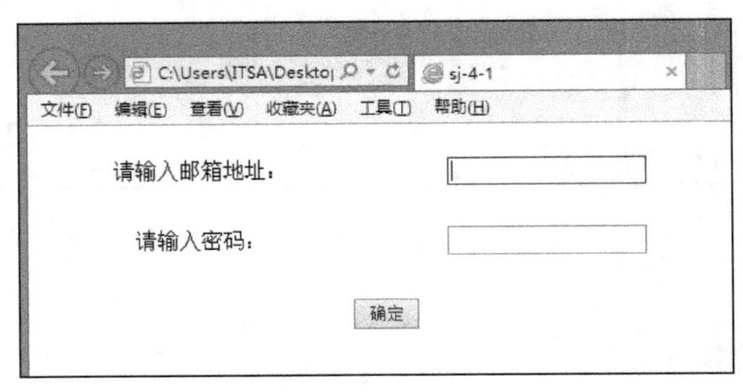

图 4-17

① 在 DreamWeaver 的“代码”窗口中添加如下代码：

```
<script language="javascript">
function test(e,p)
{if(e.indexOf("@")<=0)
alert("输入的邮箱地址不合法");
else
  {if(p.length<6)
   alert("密码长度必须在 6 位以上");
   else
   {var user=e.substr(0,e.indexOf("@"));
     alert("欢迎你"+user);
   }
  }
}
</script>
```

② 给“确定“按钮添加 onClick 事件代码：

```
<input type="button" name="button" id="button" value="确定" onClick=
"test(document.form1.email.value,document.form1.pwd.value)">
```

（2）输入一个数值，显示它的绝对值，如图 4-18 所示。

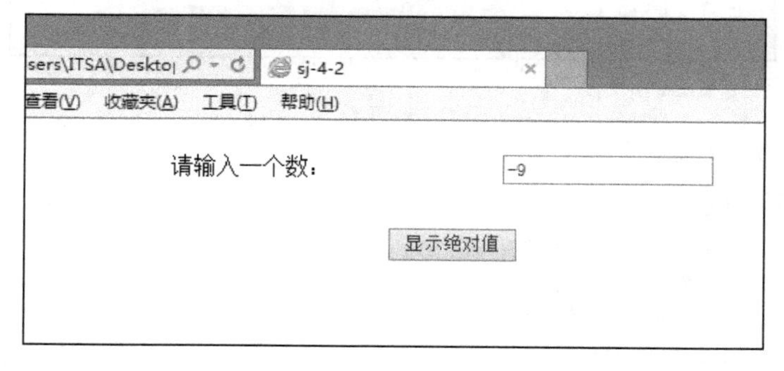

图 4-18

说明：数字文本域是 n。

```
<script language="javascript">
function test()
{var n=parseInt(form1.n.value);
var a=Math.abs(n);
alert("该数的绝对值是"+a);}
</script>
```

“显示绝对值”按钮的 onClick 事件代码是：

```
<input type="button"name="button"id="button"value="显示绝对值" onClick=
"test()">
```

（3）在网页上显示 2015 年的国庆节是星期几。

```
<script language="javascript">
var day=new Array("星期天","星期一","星期二","星期三","星期四","星期五","星
期六");
```

```
var  d=new Date("2015/10/01");
var n=d.getDay();
document.write("2015 的国庆节是"+day[n]);
</script>
```

（4）在文本框中输入出生日期，单击“计算年龄”按钮，显示你的年龄，如图 4-19 所示。

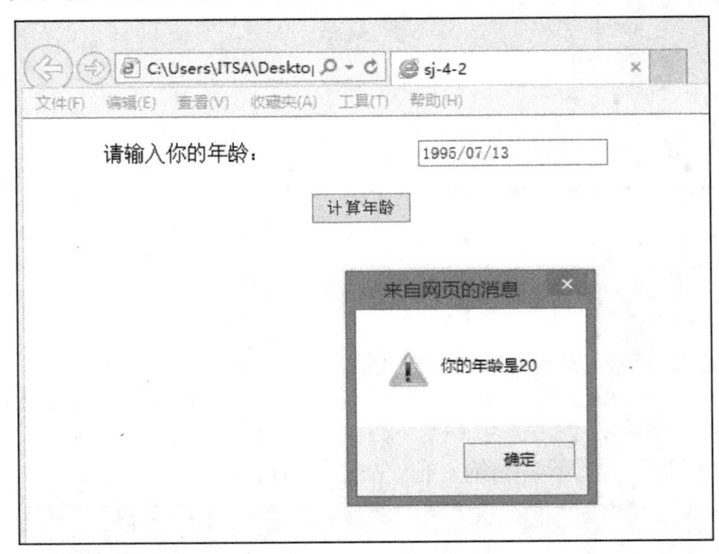

图 4-19

说明：年龄文本域是 age。

① 添加如下代码：

```
<script language="javascript">
 function js(d)
 {var d1=new Date(d);
 var d2=new Date();
 var age=d2.getFullYear()-d1.getFullYear();
 alert("你的年龄是"+age);
 }
</script>
```

②“计算年龄”按钮的 onClick 事件代码是：

```
<input type="button" name="button" id="button" value="计算年龄" onClick=
"js(document.form1.age.value)">
```

（5）加载一个网页时弹出一个新窗口，隐藏窗口的地址栏、工具栏、菜单栏。

① 打开 sj-4-5 素材.html 文件，在 DreamWeaver 的“代码”窗口中，在<head>和</head>之间添加<script>标签，脚本代码如下：

```
<script language="javascript">
function advWindow()
{window.open("adv.html","","toolbar=0,scrollbars=1,location=0,status=
1,menubar=0,resizable=0,width=300,height=210");
}
```

```
</script>
```

② 为网页添加 onLoad 事件。

在<body>标签中添加 onLoad 事件，对应的代码如下：

```
<body onLoad="advWindow()">
```

③ 保存 sj-4-5.html 文件，浏览该网页，如图 4-20 所示。

图 4-20

（6）通过参数传递调用函数，动态打开不同风格的窗口。

① 打开 sj-4-6\素材\sj-4-6 素材.html 文件，在 DreamWeaver 的“代码”窗口中，在<head>和</head>之间添加<script>标签，脚本代码如下：

```
<SCRIPT language="JavaScript">
function openWindow(url,agrement){
    window.open(url,"",agrement);
}
</SCRIPT>
```

② 为每个按钮添加 onClick 事件，并调用对应的函数。

“打开普通窗口”

参数设置：

```
<INPUT name="openButton1" type="button" id="openButton1" value="打开普通窗口"
onClick="openWindow('adv.html','')">
```

“打开固定大小的窗口”

参数设置：

```
<INPUT name="openButton2" type="button" id="openButton2" value="打开固
```

```
定大小的窗口"onClick="openWindow('adv2.html','toolbar=1,scrollbars=1,
menubar=1, status=1,location=1,resizable=0,width=400,height=200')">
```

“打开隐藏窗口属性的窗口”

参数设置：

```
<INPUT name="openButton2" type="button" id="openButton2" value="打开隐
藏窗口属性的窗口"onClick="openWindow('adv3.html','toolbar=0,scrollbars=
0,menubar=0,status=0,location=0,resizable=0,width=380,height=220')">
```

“打开全屏窗口”

参数设置：

```
<INPUT name="openButton3" type="button" id="openButton3" value="打开全
屏窗口"
  onClick="openWindow('adv4.html','fullscreen=yes')">
```

③ 保存文件到 sj-4-6\结果\sj-4-6.html，浏览该网页如图 4-21 所示。

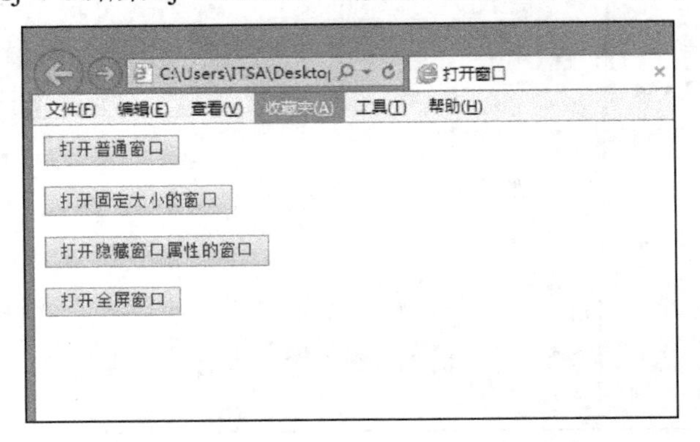

图 4-21

单击“打开普通窗口”按钮，如图 4-22 所示。

图 4-22

单击“打开固定大小的窗口”按钮，如图 4-23 所示。

图 4-23

单击“打开隐藏窗口属性的窗口”按钮，如图 4-24 所示。

图 4-24

打开“全屏窗口”按钮，如图 4-25 所示。

图 4-25

项目五

制作层特效

项目目标

- 掌握使用 display 属性显示层。
- 掌握使用 display 属性隐藏层。
- 掌握使用 display 属性制作层菜单。

项目描述

本项目将通过 5 个任务来分别介绍使用 display 属性制作显示层、隐藏层，以及制作层菜单的方法。

任务 1　层的创建与层窗口的关闭

【任务目标】

（1）掌握层（DIV）的应用。

（2）掌握层窗口的隐藏。

【任务描述】

案例 1：利用层给网页的左右两边分别添加一个浮动的广告窗口。

案例 2：利用层的 display 属性分别关闭网页左右两边的广告窗口。

【操作步骤】

案例 1

（1）在 DreamWeaver 中打开文件 5-1-1\素材\5-1-1 素材.html，首先添加左侧的广告层，在素材页面的“设计”窗口中，单击“布局”菜单下的“绘制 AP div” 按钮绘制一个有样式的层，如图 5-1 所示。

查看“代码”窗口中该层的代码为：

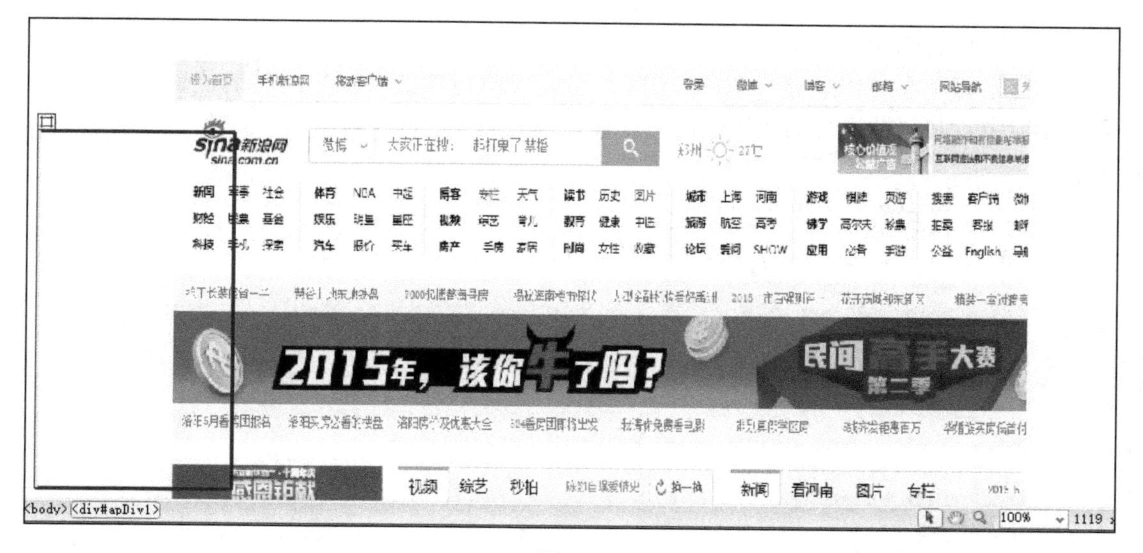

图 5-1

```
<style type="text/css">
#apDiv1 {
    position:absolute;
    left:10px;
    top:112px;
    width:160px;
    height:300px;
    z-index:1;
}
</style>
```

（2）在层内插入广告素材。将 images\left.jpg 插入左边的层内，在“属性”面板中将图片的宽设为 160，高设为 300，和层的大小正好一致，如图 5-2 所示。

图 5-2

（3）添加右侧的广告窗口。

参照步骤 1 在右侧绘制一个 AP DIV，将它移动到和左侧 DIV 对称的位置。可在“代码”窗口中对其属性进行如下修改。

```
<style type="text/css">
#apDiv1 {
    position:absolute;
    left:10px;
    top:142px;
    width:160px;
    height:300px;
    z-index:1;

}

#apDiv2 {
    position:absolute;
    left:800px;
    top:142px;
    width:160px;
    height:300px;
    z-index:1;
}
</style>
```

在层内插入 images\right.jpg 图片，将图片的宽和高分别设置为 160 和 300。

（4）保存文件到“结果\5-1-1.html”。浏览该网页，如图 5-3 所示。

图 5-3

案例 2

（1）在 DreamWeaver 中打开 5-1-2\素材\5-1-2 素材.html，首先在左右的广告层中添加关闭按钮。在素材页面的“设计”窗口中，单击“布局”菜单下的“绘制 AP div”按钮绘制一个有样式的层，然后分别插入“关闭”按钮图片，如图 5-4 所示。

图 5-4

查看“代码”窗口中所创建层的属性设置：

```
<style type="text/css">
#apDiv1 {
    position:absolute;
    left:10px;
    top:142px;
    width:160px;
    height:300px;
    z-index:1;

}

#apDiv2 {
    position:absolute;
    left:800px;
    top:142px;
    width:160px;
    height:300px;
    z-index:1;
}
#apDiv3 {
    position:absolute;
    left:74px;
```

```
    top:408px;
    width:47px;
    height:19px;
    z-index:2;
}
#apDiv4 {
    position:absolute;
    left:876px;
    top:420px;
    width:47px;
    height:19px;
    z-index:3;
}
</style>
```

（2）给网页添加脚本。在 DreamWeaver“代码”窗口中添加如下代码：

```
<SCRIPT type="text/javascript" language="javascript">
function closeShow()
{
document.all.apDiv1.style.display="none";  //隐藏左侧广告
document.all.apDiv2.style.display="none";   //隐藏右侧广告
document.all.apDiv3.style.display="none";   //隐藏左侧关闭按钮
document.all.apDiv4.style.display="none";   //隐藏右侧关闭按钮
}

</SCRIPT>
```

（3）在左边“关闭”按钮超链接添加代码：

```
<div id="apDiv3">
<A href="javascript:closeShow()">
<img src="images/button.jpg" width="47" height="19" /></div>
```

在右边“关闭”按钮超链接添加代码：

```
<div id="apDiv4">
<A href="javascript:closeShow()">
<img src="images/button.jpg" width="46" height="20" /></div>
```

（4）保存文件到“结果\5-1-2.html”。

【知识链接】

1．插入无样式的层标签

（1）使用 DreamWeaver 布局工具插入 DIV 层标签工具 。

（2）弹出如图 5-5 所示的对话框。在对话框中可以选择插入层的位置，层所属的类别，设置层的编号，还可为层定义样式。如果暂时不需要设置以上属性，也可直接单击对话框右侧的“确定”按钮。

（3）单击图 5-5 的“确定”按钮后，DreamWeaver 就会在页面中插入一个 DIV 层。当使用鼠标单击边界虚线时，DreamWeaver 将会以粗蓝色显示边界线的位置，如图 5-6 所示。

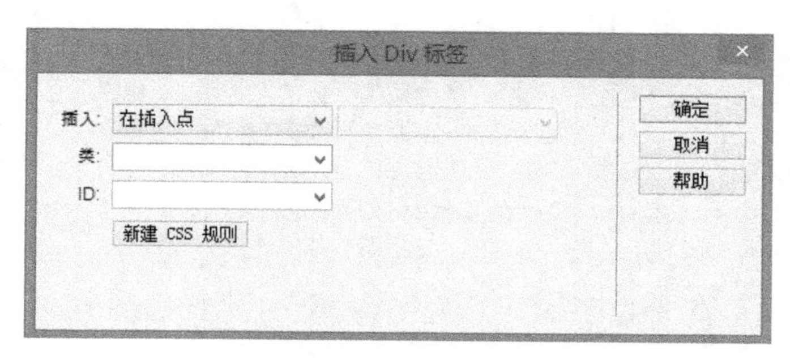

图 5-5

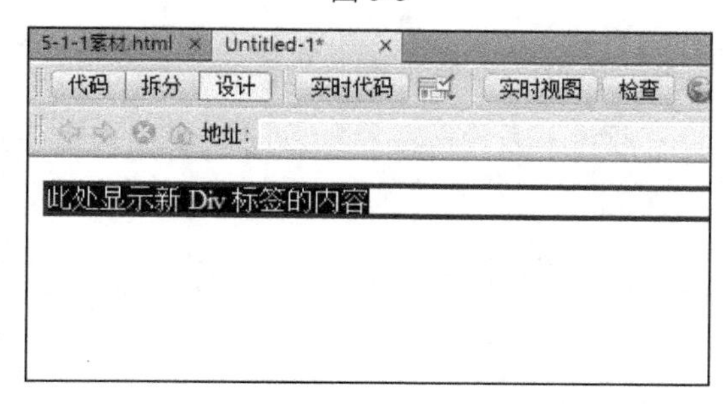

图 5-6

（4）应用场合。无样式的<DIV>层一般插入表格的单元格中或段落内。在页面中显示的位置由父容器（如表格、段落）决定。

2．带样式的层标签

（1）使用 DreamWeaver 布局工具插入 DIV 层标签工具。

（2）单击“绘制 AP DIV”工具按钮后，将鼠标移动到内容区域，鼠标的形状变成细十字形。选定层起点，按下鼠标左键，然后一直拖曳鼠标到层结束位置后再松开鼠标左键，此时在页面中将会添加一个有样式控制的层，添加层后的效果如图 5-7 所示。

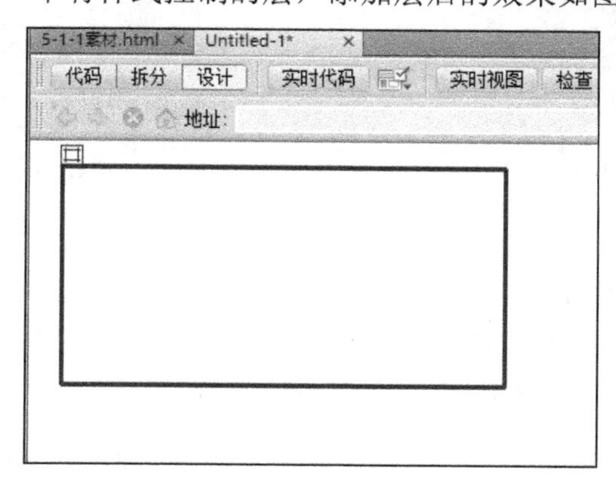

图 5-7

（3）代码说明。转到“代码”视图，可以看到自动生成的 html 代码：

```
<style type="text/css">
#apDiv1 {                        //#层样式的 id 选择器
```

```
        position:absolute;        //绝对定位方式
        left:10px;                //距离页面的左边距 10 像素
        top:17px;                 //距离页面的右边距 17 像素
        width:225px;              //层的宽度为 225 像素
        height:123px;             //层的高度为 123 像素
        z-index:1;                //层的叠放顺序
    }
    </style>
    ⋮
    <body>
    <div id="apDiv1"></div>       //层的使用
    </body>
```

（4）使用场合。当层在页面中有明确的显示位置时使用该标签或用于页面布局。

任务 2　导航的切换与层的提示效果

【任务目标】

（1）掌握层的显示与隐藏。

（2）掌握 onMouseOver 鼠标事件。

【任务描述】

案例 1：当鼠标移到“填简历”标签上时，显示图 5-8 所示效果；当鼠标移到“找工作”标签时，显示图 5-9 所示效果。

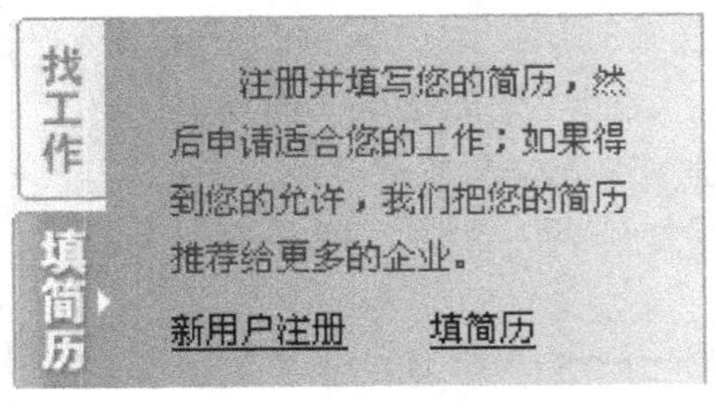

图 5-8

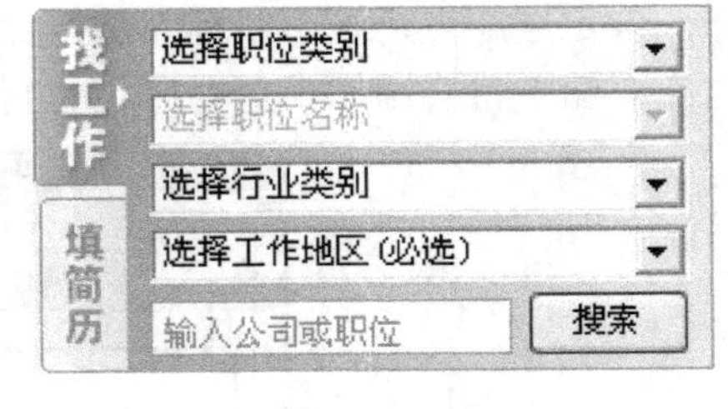

图 5-9

案例 2：当鼠标移到网页右边的“手机乐园”上时，显示提示信息，如图 5-10 所示，当鼠标离开时，提示信息消失。

【操作步骤】

案例 1

（1）说明：“5-2-1 素材”页面中左边的 4 个导航按钮分别所在的 DIV 层选择器的名称是 work1、resum2、work2、resum1。右边的两个图片从上到下所在 DIV 层选择器的名称是 work 和 resum。

图 5-10

（2）编写网页初始化脚本代码：

① 网页初始化函数 initPic()。

```
function initPic(){
    document.all.work2.style.display="none";
    document.all.resum1.style.display="none";
    document.all.resum.style.display="none";
}
```

② 调用初始化函数 initPic()。

```
<BODY onLoad="initPic()">
```

（3）编写显示“填简历”标签主题的脚本代码。

① 在<script>标签内定义函数，函数名为 showResume()。在函数内将层 work1、work、resum2 的 display 属性设置为隐藏，将层 work2、resum1、resum 的 display 属性设置为显示。

```
function showResume()
{
    document.all.work1.style.display="none"
    document.all.work.style.display="none";
    document.all.work2.style.display="block";
    document.all.resum1.style.display="block";
    document.all.resum.style.display="block";
    document.all.resum2.style.display="none";
}
```

② 给“填简历”标签添加 onMouseOver 鼠标事件，调用 showResume()函数。

```
<DIV id="resum2"><IMG src="images/resume2.jpg" onMouseOver=
"showResume()"></DIV>
```

（4）编写显示“找工作”标签主题的脚本代码。

① 在<script>标签内定义函数，函数名为 showWork()。在函数内将层 work2、resum1、resum 的 display 属性设置为隐藏，将层 work1、resum2、work 的 display 属性设置为显示。

```
function showWork()
{
    document.all.work1.style.display="block"
```

```
        document.all.work.style.display="block";
        document.all.work2.style.display="none";
        document.all.resum1.style.display="none";
        document.all.resum.style.display="none";
        document.all.resum2.style.display="block";
    }
```

② 给“找工作”标签添加 onMouseOver 鼠标事件，调用 showWork()函数。

```
<DIV id="work2"><IMG src="images/work2.jpg" height="63" onMouseOver=
"showWork()"></DIV>
```

（5）保存文件到\结果\5-2-1.html。

案例 2

（1）编写网页初始化脚本代码：

① 网页初始化函数 init ()。

```
function init (){
    document.all. apDiv1.style.display="none";}
```

② 调用初始化函数 init ()。

```
<BODY onLoad="init ()">
```

（2）编写显示和隐藏层函数。

```
function showInfo(){
    document.all.apDiv1.style.display="block";
}
function closeInfo(){
    document.all.apDiv1.style.display="none";
}
```

（3）给“手机乐园”添加热区。

单击“属性”面板的矩形热点工具，如图 5-11 所示，在手机乐园区拖动鼠标制作矩形热区，如图 5-12 所示。

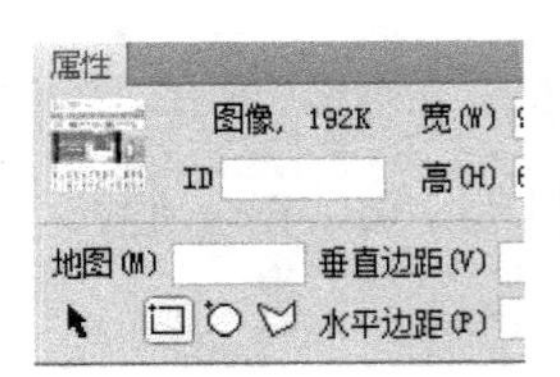

图 5-11

图 5-12

（4）添加鼠标事件调用函数。

```
<map name="Map" id="Map">
  <area shape="rect" coords="763,222,978,451" href="#" onMouseOver=
"showInfo()" onMouseOut="closeInfo()"/>
</map>
```

（5）保存文件到“结果\5-2-2.html”。

【知识链接】

1．层的隐藏

层的隐藏是通过样式的 display 属性来实现的。

脚本代码：

```
Document.all.隐藏层的 id.style.display="none";
```

2．层的显示

显示与隐藏是一个交互状态，通过 display 属性可以隐藏层，同样也可以将隐藏的层再恢复显示。脚本代码：

```
Document.all.隐藏层的 id.style.display="block";
```

3．鼠标事件

鼠标移入事件：onMouseOver

当鼠标指针进入对象所在区域上时触发这个事件。

任务 3　可折叠的竖向菜单

【任务目标】

（1）会用 display 属性控制层的显示与隐藏。

（2）能使用 if-else 条件语句实现菜单的折叠效果。

【任务描述】

当单击“注册与认证”按钮时，向下展开竖向菜单，如图 5-13 所示，再次单击“注册与认证”按钮时，向上折叠竖向菜单，如图 5-14 所示。当单击“拍拍规则”按钮时，向下展开竖向菜单，如图 5-13 所示，再次单击“拍拍规则”按钮时，向上折叠竖向菜单，如图 5-14 所示。

【操作步骤】

1．创建二级菜单所在的层

（1）使用 DreamWeaver 工具打开“素材\5-3-1 素材.html”，在“设计”视图下选中按钮“注册与认证”，然后切换到“代码”窗口。

（2）在选中的“注册与认证”按钮图片 help_2.jpg 的下方创建二级菜单所在的层，层的 id 为“reg”。

（3）在层 reg 中分别再创建 3 个层，按顺序将按钮图片 btn1.jpg、btn2.jpg、btn3.jpg 分别插入这 3 个层中。

（4）为二级菜单的每个图片按钮添加超链接，将<A>标签的 href 属性设置为“#”。

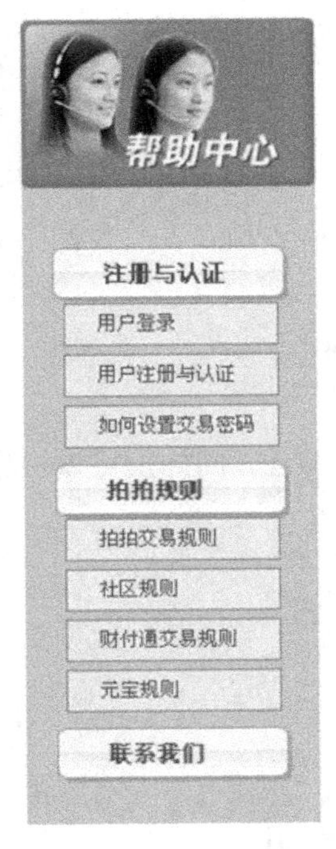

图 5-13

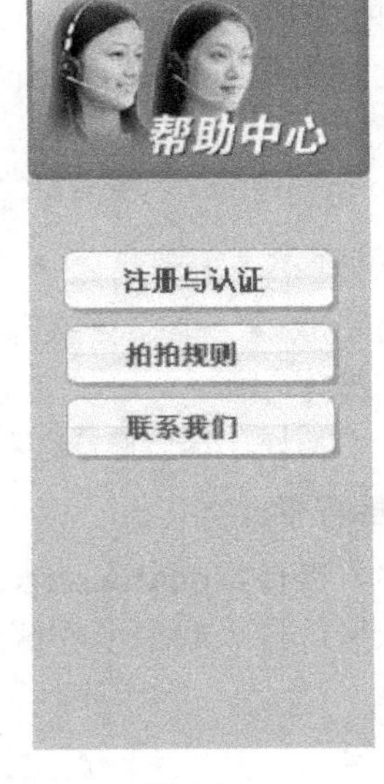

图 5-14

代码如下：

```
<IMG src="images/help_2.JPG" width="146" height="35" border="0">
    <DIV id="reg" >
     <DIV><A href="#"><IMG src="images/btn1.jpg" border="0"></A></DIV>
     <DIV><A href="#"><IMG src="images/btn2.jpg" border="0"></A></DIV>
     <DIV><A href="#"><IMG src="images/btn3.jpg" border="0"></A></DIV>
    </DIV>
```

（5）将页面再次切换到“设计”窗口，选中图片按钮“拍拍规则”，然后返回到“代码”窗口。

（6）在图片 help_3.jpg 的下方创建层，层 id 名称为 rule。在其中再创建 4 个层，按顺序将按钮图片 btn4.jpg、btn5.jpg、btn6.jpg 和 btn7.jpg 分别插入这 4 个层中。

对应的代码如下：

```
<IMG src="images/help_3.JPG" width="146" height="35" border="0">
    <DIV id="rule">
     <DIV><A href="#"><IMG src="images/btn4.jpg" border="0"></A></DIV>
     <DIV><A href="#"><IMG src="images/btn5.jpg" border="0"></A></DIV>
     <DIV><A href="#"><IMG src="images/btn6.jpg" border="0"></A></DIV>
     <DIV><A href="#"><IMG src="images/btn7.jpg" border="0"></A></DIV>
    </DIV>
```

2．定义 JavaScript 函数，编写隐藏和显示层的脚本

本例的最终结果是当页面打开时二级菜单是隐藏的，单击一级菜单后展开显示二级菜单，再次单击一级菜单，二级菜单又隐藏，从而达到菜单折叠的效果。

（1）定义页面加载时调用的函数 initLoad()，作用是在页面初始打开时隐藏二级菜单，脚本代码如下：

```
function initLoad()
{
    document.all.reg.style.display="none";
    document.all.rule.style.display="none";
}
```

（2）设置页面加载时调用 initLoad()函数。

```
<BODY onLoad="initLoad()">
```

（3）定义单击“注册与认证”按钮时的调用函数 showReg()，代码如下：

```
function showReg()
{
    if(document.all.reg.style.display=="block")
    {
        document.all.reg.style.display="none";
    }else
    {
        document.all.reg.style.display="block";
    }
}
```

（4）设置调用 showReg()函数。

为“注册与认证”图片按钮添加超链接，在<A>标签的 href 属性中调用函数 showReg()。调用代码如下：

```
<A href="javascript:showReg()">
      <IMG src="images/help_2.JPG" width="146" height="35" border=
"0"></A>
```

（5）定义单击“拍拍规则”按钮图片时调用的函数 showRule()，代码如下：

```
function showRule()
{
    if(document.all.rule.style.display=="block")
    {
        document.all.rule.style.display="none";
    }else
    {
        document.all.rule.style.display="block";
    }
}
```

（6）设置调用 showRule()函数。

为“拍拍规则”图片按钮添加超链接，在<A>标签的 href 属性中调用函数 showRule()。调用代码如下：

```
<A href="javascript:showRule()">
      <IMG src="images/help_3.JPG" width="146" height="35" border=
      "0"></A>
```

3．保存文件到“结果\5-3-1.html”

上 机 实 习

（1）给网页的左右两边分别添加广告层，效果如图 5-15 所示。

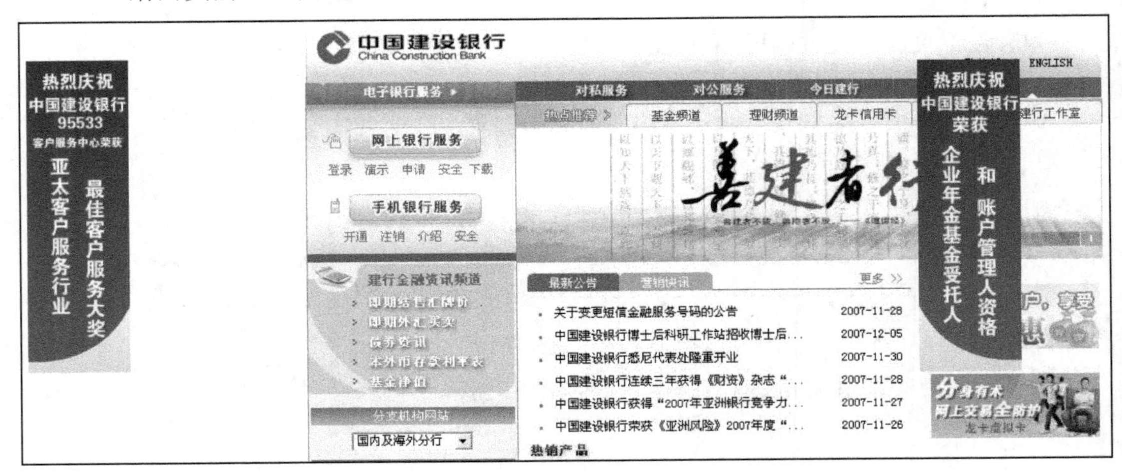

图 5-15

【操作步骤】

① 在页面通过“绘制 AP DIV”工具创建一个层，层 id 名称为“leftADV”，即该层是用来显示左侧广告。

② 将“素材\images\left.jpg”插入层中，通过拉伸层的边框调整层的尺寸。

③ 选中层边框，移动层到页面左侧的空白位置。

④ 同理，在右边创建广告层。

（2）制作可关闭的广告对联。效果如图 5-16 所示，单击“关闭”按钮可以同时关闭两边的广告层。

图 5-16

【操作步骤】

（1）添加对联广告关闭层。

① 使用 DreamWeaver 工具打开“sj-5-2\素材\sj-5-2.html”，在页面中使用“绘制 AP DIV”工具创建一个层，层 id 为 closeLADV（左侧广告关闭层）。

② 在层 closeLADV 中添加文字超链接“关闭”，为了使页面美观，设置超链接样式，字号为 12px，无下画线，字体颜色为黑色。代码如下：

```
A{font-size:12px; text-decoration:none; color:#000000}
```

③ 拖动层 closeLADV 到左侧广告层的底部位置。

④ 重复①～③步，添加右侧广告关闭层，设置右侧广告关闭层的 id 为 closeRDIV，如图 5-16 所示。

（2）添加关闭广告层的 JavaScript 脚本

① 在页面中嵌入脚本标签<script>。

② 定义函数 closeADV()，在函数体内编写隐藏广告层的代码。

脚本代码如下：

```
function closeADV()
{
    document.all.leftDIV.style.display="none";
    document.all.rightDIV.style.display="none";
    document.all.closeLDIV.style.display="none";
    document.all.closeRDIV.style.display="none";
}
```

③ 在左右关闭层的超链接中调用函数，代码如下：

```
<BODY>
<DIV id="leftDIV"><IMG src="images/left.jpg" width="100" height="314"></DIV>
<DIV id="rightDIV"><IMG src="images/right.jpg" width="100" height="314"></DIV>

<DIV id="closeLDIV">
    <A href="javascript:closeADV()" class="A">关闭</A></DIV>

<DIV id="closeRDIV">
    <A href="javascript:closeADV()" class="A">关闭</A></DIV>

<P align="center"><IMG src="images/bg.jpg"></P>
</BODY>
```

④ 保存到\结果\sj-5-2.html 文件中。

（3）页面打开后，单击“注册&认证”按钮，会显示该按钮下的子菜单，如图 5-17 所示。

【操作步骤】

1. 创建二级菜单所在的层

（1）使用 DreamWeaver 工具打开“素材\sj-5-3 素材.html”，在“设计”窗口中单击按钮“注册&认证”，然后切换到“代码”窗口。

（2）在选中的一级按钮图片 reg.jpg 的下方创建二级菜单所在的层，层 id 为“reg”。

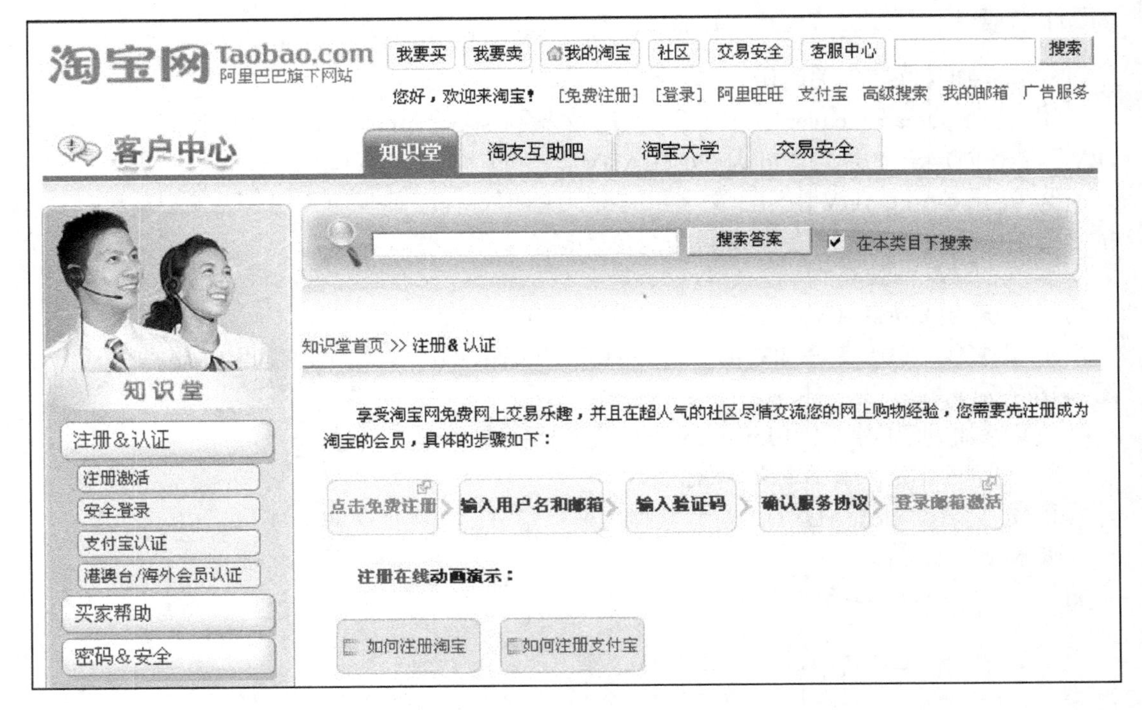

图 5-17

（3）在层 reg 中分别再创建 4 个层，按顺序将二级菜单按钮图片分别插入这 4 个层中。

（4）给二级菜单的每个图片按钮添加超链接，将<a>标签的 href 属性设置为“#”，代码如下：

```
<IMG src="images/reg.jpg" border="0" /></A>
<DIV id="reg" >
  <DIV><A href="#"><IMG src="images/btn1.jpg" border="0"></A></DIV>
  <DIV><A href="#"><IMG src="images/btn2.jpg" border="0"></A></DIV>
  <DIV><A href="#"><IMG src="images/btn3.jpg" border="0"></A></DIV>
  <DIV><A href="#"><IMG src="images/btn4.jpg" border="0"></A></DIV>

</DIV>
```

2. 定义 JavaScript 函数，编写隐藏和显示层的脚本

（1）定义页面加载时调用的函数 init()，作用是在页面初始打开时隐藏二级菜单。脚本代码如下：

```
function init()
{
        document.all.reg.style.display="none";
}
```

（2）定义单击一级按钮“注册&认证”时调用的函数 showReg()，脚本代码如下：

```
function showReg()
{
    if(document.all.reg.style.display=="block")
    {
        document.all.reg.style.display="none";
```

```
        }
        else
        {
            document.all.reg.style.display="block";
        }
    }
```

3．为按钮设置鼠标事件

（1）为“注册&认证”图片添加超链接，在<A>标签的 href 属性中调用函数 showReg()，调用代码如下：

```
<A href="javascript:showReg()">
            <IMG src="images/reg.jpg" border="0" /></A>
```

（2）在页的<body>标签中添加 onLoad 事件，调用函数 init()，代码如下：

```
<BODY  onLoad="init()">
```

4．保存“结果\sj-5-3.html”文件

项目六

事件处理

- 了解事件处理程序的概念。
- 掌握编写常用事件的事件处理程序。

本项目将通过 4 个任务来分别介绍并掌握 onClick 事件、onChange 事件、onFocus 事件、onBlur 事件、onMouseOver 事件、onMouseOut 事件、onLoad 事件的事件处理程序的编写。

任务 1　onClick 事件的事件处理程序

【任务目标】

（1）掌握 onClick 事件的事件处理程序编写及调用。

（2）掌握在表单中哪些元素可以触发 onClick 事件。

【任务描述】

案例 1：单击一个按钮弹出一个消息框。

案例 2：通过单击不同的复选框来改变网页的背景色。

【操作步骤】

案例 1

（1）启动 DreamWeaver，在“设计”窗口中插入表单，在表单中插入一个按钮，按钮动作是“无”，然后切换到“代码”窗口。

```
<html>
<head>
<title>onClick事件处理程序</title>
```

```
<script language="javascript">
function inform()
{alert("单击了网页上按钮，弹出了消息框");
}
</script>
<meta http-equiv="Content-Type" content="text/html; charset=gb2312">
</head>
<body>
<form name="form1" method="post" action="">
  <input type="button" name="button" id="button" value="单击我" onClick="inform()">
</form>
</body>
</html>
```

（2）保存 6-1-1.html 文件，浏览该网页如图 6-1 所示。

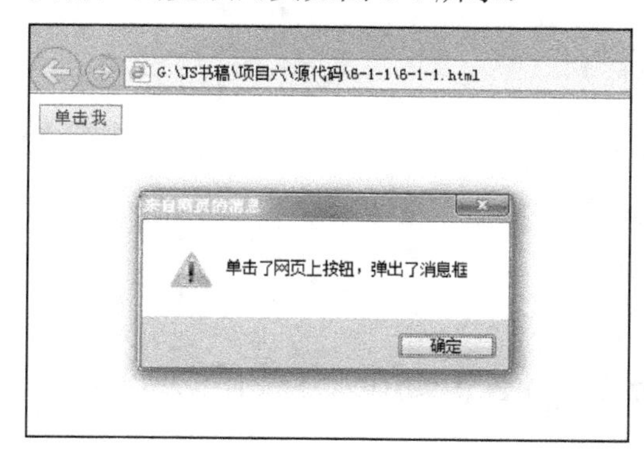

图 6-1

案例 2

（1）启动 DreamWeaver，在“设计”窗口中插入表单，在表单中插入 3 个复选框，如图 6-2 所示。

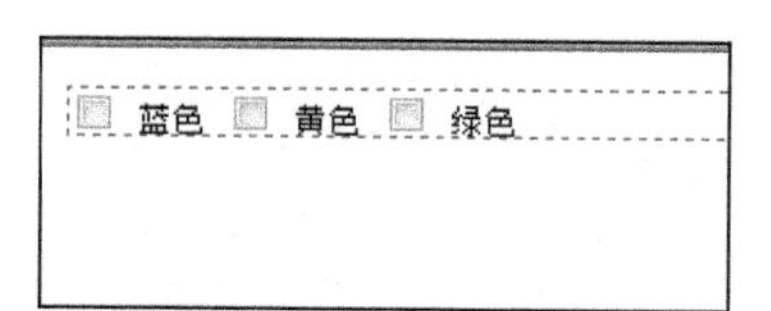

图 6-2

（2）切换到“代码”窗口，在 3 个复选框标签内分别插入代码：

```
<html>
<head>
<title>onClick事件处理程序</title>

<meta http-equiv="Content-Type" content="text/html; charset=gb2312">
</head>
<body>
<form name="form1" method="post" action="">
  <input type="checkbox" name="checkbox" id="checkbox" onClick="document.bgColor='lightblue'">
  蓝色
  <input type="checkbox" name="checkbox2" id="checkbox2" onClick="document.bgColor='lightyellow'">
  黄色
  <input type="checkbox" name="checkbox3" id="checkbox3" onClick="document.bgColor='lightgreen'">
  绿色
</form>
</body>
</html>
```

（3）保存 6-1-2.html 文件。

【知识链接】

1．事件处理程序的基本语法

格式：事件名称=“JavaScript 代码”

2．onClick 事件的定义

当用户单击某个对象时，便会触发 onClick 事件。

3．可以触发 onClick 事件的窗体元素

- Button（按钮）
- Checkbox（复选框）
- Radio（单选按钮）
- Text（文本框）
- Textarea（文本域）
- Link（超链接文本）

任务 2　onChange 事件的事件处理程序

【任务目标】

（1）掌握 onChange 事件的事件处理程序编写及调用。

（2）掌握在表单中哪些元素可以触发 onChange 事件。

【任务描述】

案例 1：改变列表菜单的选项，弹出一个对话框，显示所选择的项目。

案例 2：给一个文本框输入不同的值，onChange 事件处理程序将跟踪用户在文本框中所做的修改，当用户完成在文本框中内容的修改后移出文本框，将触发 onChange 事件处理程序，弹出一个对话框显示输入的内容。

【操作步骤】

案例 1

（1）启动 DreamWeaver，在“设计”窗口中插入表单，在表单中插入一个列表菜单，列表菜单的 name 是“s1”，列表值分别为“河南省”、“河北省”、“湖北省”、“湖南省”，然后切换到“代码”窗口。

```
<html>
<head>
<title>onChange事件处理程序</title>
<script language="javascript">
function disp()
{var sf;
sf=form1.s1.value;
alert("您选择的省份是"+sf);
}
</script>
```

```
<meta http-equiv="Content-Type" content="text/html; charset=gb2312">
</head>
<body>
<form name="form1" method="post" action="">
  请选择你所在的省份：
  <select name="s1" onChange="disp()">
    <option value="河南省">河南省</option>
    <option value="河北省">河北省</option>
    <option value="湖北省">湖北省</option>
    <option value="湖南省">湖南省</option>
  </select>
</form>
</body>
</html>
```

（2）给列表菜单添加 onChange 事件。

```
<select name="s1" onChange="disp()">
```

（3）保存 6-2-1.html 文件，浏览该网页如图 6-3 所示。

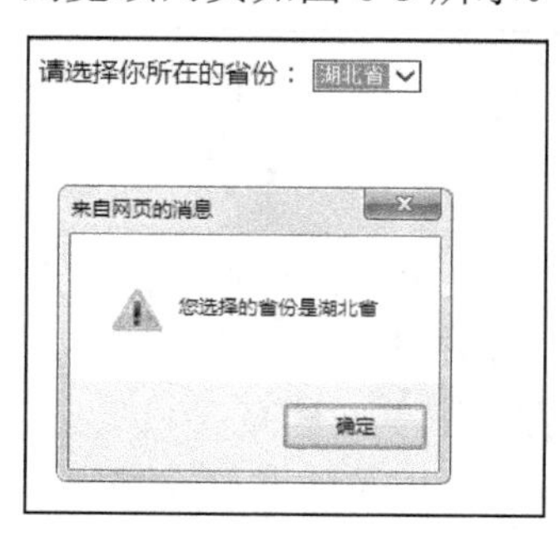

图 6-3

案例 2

（1）启动 DreamWeaver，在“设计”窗口中插入表单，在表单中插入一个文本框，文本框的初始值为“你好！”，文本框的 name 属性是 t1，然后切换到“代码”窗口。

```
<html>
<head>
<title>onClick事件处理程序</title>
<script language="javascript">
var initvalue,newvalue;
function init()
{initvalue=form1.t1.value;
}
function disp()
{var newvalue;
newvalue=form1.t1.value;
alert("文本框的值已经从"+initvalue+"修改为"+newvalue);
}
</script>
<meta http-equiv="Content-Type" content="text/html; charset=gb2312">
</head>
<body onLoad="init()">
<form name="form1" method="post" action="">
  请输入一个值：
  <input name="t1" type="text" id="t1" onChange="disp()" value="你好！">
</form>
</body>
</html>
```

（2）给网页添加 onLoad 事件。

```
<body onLoad="init()">
```

（3）给文本框添加 onChange 事件。

```
<input name="t1" type="text" id="t1" onChange="disp()" value="你好！">
```

（4）保存 6-2-2.html 文件，浏览该网页如图 6-4 所示。

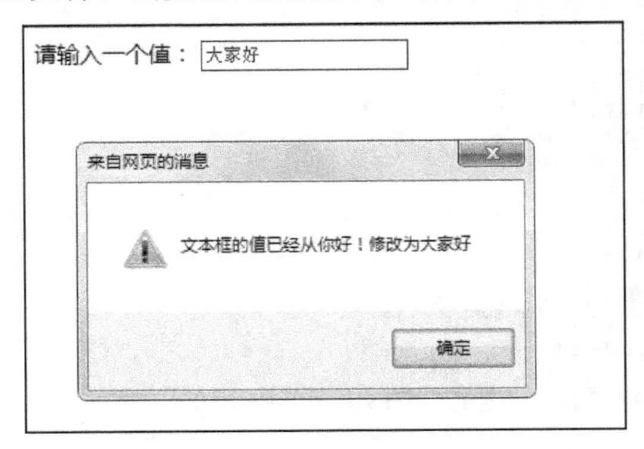

图 6-4

【知识链接】

（1）onChange 事件的触发：在表单中，当文本框的内容发生变化或选择列表中选定的内容发生变化时，就会触发 onChange 事件。

（2）能够触发 onChange 事件的表单元素有：

- Select（列表菜单）
- Text（文本框）
- Textarea（文本域）

任务 3　onFocus 事件和 onBlur 事件的事件处理程序

【任务目标】

（1）掌握 onFocus 事件和 onBlur 事件的事件处理程序编写及调用。

（2）掌握在表单中哪些元素可以触发 onFocus 事件和 onBlur 事件。

【任务描述】

案例 1：在表单中添加一个文本框，对文本框进行输入时弹出一个对话框，提示“可以进行输入了”。当光标离开文本框时，弹出对话框，提示“已经完成了输入”。

案例 2：在表单中添加一个文本框，光标定位文本框时，网页背景变成浅绿色，当光标离开文本框时，网页背景变成灰色。

【操作步骤】

案例 1

（1）启动 DreamWeaver，在“设计”窗口中插入表单，在表单中插入一个文本框，文本框的 name 是 t1，切换到“代码”窗口中：

```
<html>
<head>
<title>onClick 事件处理程序</title>
<meta http-equiv="Content-Type" content="text/html; charset=gb2312">
</head>
<body >
<form name="form1" method="post" action="">
请输入一个值：
  <input name="t1" type="text" id="t1"  onFocus="alert('你的光标定位在了
  文本框中，可以进行输入')" onBlur="alert('你已经完成了输入')">
</form>
</body>
</html>
```

（2）保存 6-3-1.html 文件，浏览该网页如图 6-5 所示。

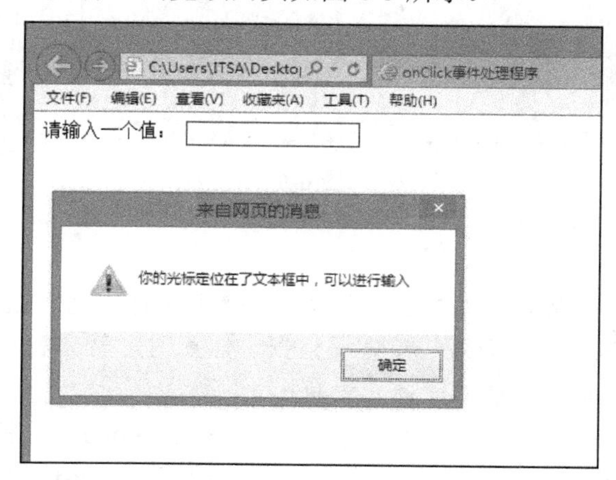

图 6-5

案例 2

（1）启动 DreamWeaver，在“设计”窗口中插入表单，在表单中插入一个文本框，文本框的 name 是 t1，切换到“代码”窗口中：

```
<html>
<head>
<title>onClick 事件处理程序</title>
<meta http-equiv="Content-Type" content="text/html; charset=gb2312">
</head>
<body >
<form name="form1" method="post" action="">
  请单击文本框，看看发生了什么变化？
  <input name="t1" type="text" id="t1"  onFocus="(document.bgColor=
'lightgreen')" onBlur="(document.bgColor='dimgray')">
</form>
```

```
</body>
</html>
```

（2）保存 6-3-2.html 文件，浏览网页如图 6-6 所示。

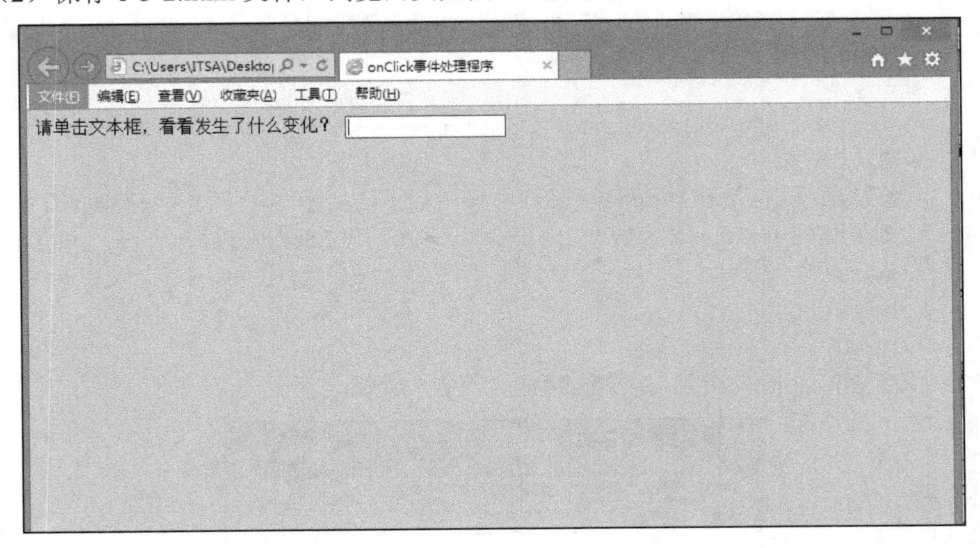

图 6-6

【知识链接】

（1）onFocus 事件的触发：当某些窗体元素获得焦点时，就会触发 onFocus 事件。

（2）onBlur 事件的触发：当某些窗体元素失去焦点时，就会触发 onBlur 事件。

（3）能够触发 onFocus 事件的窗体元素有：

- Button（按钮）
- Text（文本框）
- Textarea（文本域）
- Password（密码框）
- Checkbox（复选框）
- Layer（层）

（4）能够触发 onBlur 事件的窗体元素有：

- Button（按钮）
- Text（文本框）
- Textarea（文本域）
- Password（密码框）
- Checkbox（复选框）
- Layer（层）
- Window（窗体）
- Select（列表菜单）
- Submit（提交按钮）
- Rest（重置按钮）

任务 4　OnMouseOver 事件和 OnMouseOut 事件的事件处理程序

【任务目标】

（1）掌握 onMouseOver 事件和 onMouseOut 事件的事件处理程序编写及调用。

（2）掌握利用 onMouseOver 事件和 onMouseOut 事件制作随鼠标变化的文字背景的效果。
（3）掌握利用 onMouseOver 事件和 onMouseOut 事件制作随鼠标改变文字大小的效果。
（4）掌握利用 onMouseOver 事件和 onMouseOut 事件制作随鼠标改变图片的效果。

【任务描述】

案例 1：当鼠标移到指定的文字上时，文字的背景发生改变，当鼠标离开时文字的背景恢复为原来状态。

案例 2：当鼠标移到指定的文字上时，文字的大小发生改变，当鼠标离开时文字的大小恢复为原来状态。

案例 3：当鼠标移到指定的文本框时，文本框的颜色发生改变，当鼠标离开时文本框的颜色恢复为原来状态。

案例 4：当鼠标移到指定的图片上时，图片发生改变，当鼠标离开时，恢复成原来的图片。

【操作步骤】

案例 1

（1）启动 DreamWeaver，在“设计”窗口选中文字“美味西点”，如图 6-7 所示。

图 6-7

（2）切换到“代码”窗口，在“美味西点”的<span>标签内添加鼠标事件。

```
<span class="text2" onMouseOver="this.style.backgroundColor='yellow'"
onMouseOut="this.style.backgroundColor=''">美味西点</span>
```

（3）保存文件到“结果\6-4-1.html”，浏览网页如图 6-8 所示。

图 6-8

案例 2

（1）启动 DreamWeaver，在“设计”窗口选中文字“用户帮助”，如图 6-9 所示。

图 6-9

（2）切换到“代码”窗口，在“用户帮助”的<span>标签内添加鼠标事件。

```
<span class="text1"onMouseOver="this.style.fontSize='20'" onMouseOut=
"this.style.fontSize='12'" >用户帮助</span>
```

（3）保存文件到“结果\6-4-1.html”，浏览网页如图 6-10 所示。

图 6-10

案例 3

（1）启动 DreamWeaver，在“设计”窗口选中姓名文本框，如图 6-11 所示。

图 6-11

（2）切换到“代码”窗口，在姓名文本框的标签内添加事件代码：

```
<tr>
  <th width="82" align="right" class="STYLE4" scope="row">姓名：</th>
  <td width="298">
  <input name="textfield" type="text" id="textfield" size="10" maxlength="5"
   onMouseOver="this.style.borderColor='red'" onMouseOut="this.style.borderColor=''">
  </td>
</tr>
<tr>
  <th width="82" align="right" class="STYLE4" scope="row">性别：</th>
  <td><input name="radio" type="radio" id="radio" value="radio" checked>
男
……
```

（3）保存文件到“结果\6-4-3.html”，游览该网页如图 6-12 所示。

图 6-12

案例 4

（1）启动 DreamWeaver，在“设计”窗口选中左边的图片，如图 6-13 所示。

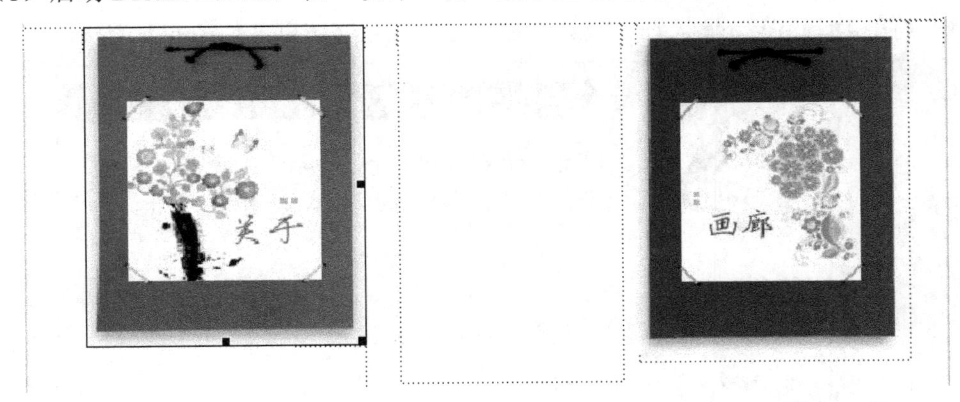

图 6-13

（2）切换到“代码”窗口，添加事件代码：

```
<tr>
    <td rowspan="4">
        <img src="images/index_05.jpg" width="49" height="388" alt=""></td>
    <td>
        <img src="images/index_06.jpg" width="227" height="268" alt="" onMouseOver=
"this.src='images/index_10.jpg'" onMouseOut="this.src='images/index_06.jpg'">
        </td>
    <td rowspan="4">
        <img src="images/index_07.jpg" width="27" height="388" alt=""></td>
    <td rowspan="3"> </td>
    <td rowspan="4">
        <img src="images/index_09.jpg" width="12" height="388" alt=""></td>
    <td rowspan="2"><img src="images/index_08.jpg" alt="" width="214" height="273" border="0"></td>
    <td rowspan="4">
        <img src="images/index_11.jpg" width="29" height="388" alt=""></td>
    <td>
        <img src="images/分隔符.gif" width="1" height="227" alt=""></td>
</tr>
```

（3）保存文件到“结果\6-4-4.html”，浏览网页如图 6-14 和图 6-15 所示。

图 6-14

图 6-15

【知识链接】

1．常用的鼠标事件

（1）onMouseOver 事件：当鼠标移入指定对象区域时激发的事件。

（2）onMouseOut 事件：当鼠标离开指定对象区域时激发的事件。

（3）onMouseDown 事件：按下鼠标左键时激发的事件。

（4）onMouseUp 事件：松开鼠标时激发的事件。

（5）onMouseMove 事件：鼠标在指定对象区域上移动时激发的事件。

（6）onClick 事件：使用鼠标在指定对象区域上单击时激发的事件。

2．常用属性

（1）文字背景颜色：backgroundColor。

（2）文本框边框颜色：borderColor。

（3）文字大小属性：fontSize。

（4）文字的颜色：color。

3．使用脚本改变样式的方法

（1）事件名=“对象.style.样式名称=样式值”。

（2）图片切换的脚本：

鼠标移入时：

onMouseOver="this.src='替换显示的图片的路径'";

onMouseOut="this.src='原始图片的显示路径'";

上 机 实 习

（1）当鼠标移到文字“欢迎来到我们的网站”时，文字的背景发生了改变，当鼠标离开时，文字背影恢复为原来状态，如图 6-16 所示。

图 6-16

① 启动 DreamWeaver，在“设计”窗口选中文字“欢迎来到我们网站”。

② 切换到“代码”窗口，添加事件代码：

```
<td align="center" class="text1" onmouseover="this.style.background-
Color='lightgreen'" onmouseout="this.style.backgroundColor=''">欢迎来
到我们网站</td>
```

③ 保存文件到“结果\sj-6-1.html”。

（2）当鼠标移到文字“婚礼订制注意事项”上时，文字的颜色发生了改变，当鼠标移出时，文字颜色复原，如图 6-17 所示。

① 启动 DreamWeaver，在“设计”窗口选中文字“婚礼订制注意事项”。

② 切换到“代码”窗口，添加事件代码：

```
<td height="26"colspan="3"class="td1"><span class="text1"onMouseOver=
"this.style.color='yellow'"onMouseOut="this.style.color="> &nbs
p;婚礼订制注意事项</span></td>
```

③ 保存文件到“结果\sj-6-2.html”。

图 6-17

（3）当鼠标移到用户文本框上时，文本框的边框颜色变成了红色，当鼠标离开文本框时，文本框的边框颜色复原，如图 6-18 所示。

用户名：

密　码：

会员登录　取消登录

图 6-18

① 启动 DreamWeaver，在“设计”窗口选中用户名文本框。

② 切换到“代码”窗口，添加事件代码：

```
<tr>
    <td align="center" valign="middle">用户名:
    <input name="textfield" type="text" id="textfield" size="20"maxle-
    ngth="6" onMouseOver="this.style.borderColor='red'" onMouseOut=
    "this.style. borderColor=''"></td>
</tr>
```

③ 保存文件到“结果\sj-6-3.html”。

（4）当鼠标移到指定图片上时，图片显示发生了改变，鼠标离开图片时，图片复原，如图 6-19 和图 6-20 所示。

① 启动 DreamWeaver，在“设计”窗口选中要翻转的图片。

② 切换到“代码”窗口，添加事件代码：

Print　首 页　冲印照片　个性定制　优惠促销　相册影集　冲印论坛　买家热评

Decorated with refined simplicity fashion space Let your life is full of mood and taste.
Use your favorite photos decorate the finer things in life

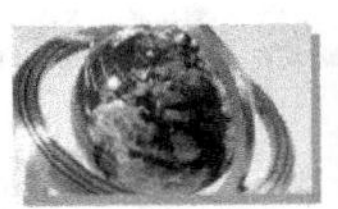

照片自动更正 冲印无忧

选择照片自动校正功能，可以自动优化相片的亮度和对比度，冲印效果更好。

自动设置尺寸，冲印省心

选择好照片后，我们将根据照片像素设置照片最适合冲印的尺寸，冲印更便捷。

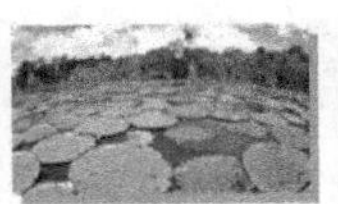

高品质相纸，表现极致

拥有最先进的激光数码冲印设备，专业品质的相纸，最严格的照片质检体系。

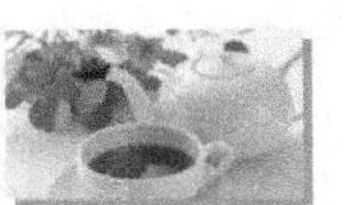

免费相册分享快乐

免费大容量高速存储空间，你可随意地存储照片，将照片放在网上与亲友们分享。

图 6-19

Print　首 页　冲印照片　个性定制　优惠促销　相册影集　冲印论坛　买家热评

Decorated with refined simplicity fashion space Let your life is full of mood and taste.
Use your favorite photos decorate the finer things in life

照片自动更正 冲印无忧

选择照片自动校正功能，可以自动优化相片的亮度和对比度，冲印效果更好。

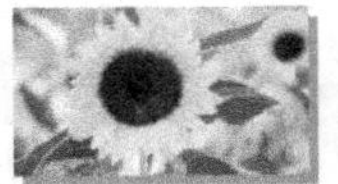

自动设置尺寸，冲印省心

选择好照片后，我们将根据照片像素设置照片最适合冲印的尺寸，冲印更便捷。

高品质相纸，表现极致

拥有最先进的激光数码冲印设备，专业品质的相纸，最严格的照片质检体系。

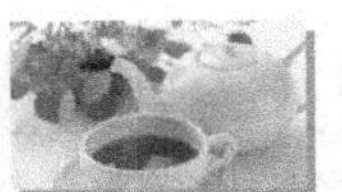

免费相册分享快乐

免费大容量高速存储空间，你可随意地存储照片，将照片放在网上与亲友们分享。

图 6-20

```
<td height="242" colspan="11" align="center" valign="bottom"><img src=
"images/02_04.jpg" width="600" height="242" onMouseOver="this.src=
'images/02_22.jpg'" onMouseOut="this.src='images/02_04.jpg'"></td>
```

③ 保存文件到“结果\sj-6-4.html”。

（5）网页上有一个文本框和三个链接文本，将鼠标移到任何一个链接文本上时，在文本框中显示相应的消息，如图 6-21 所示。

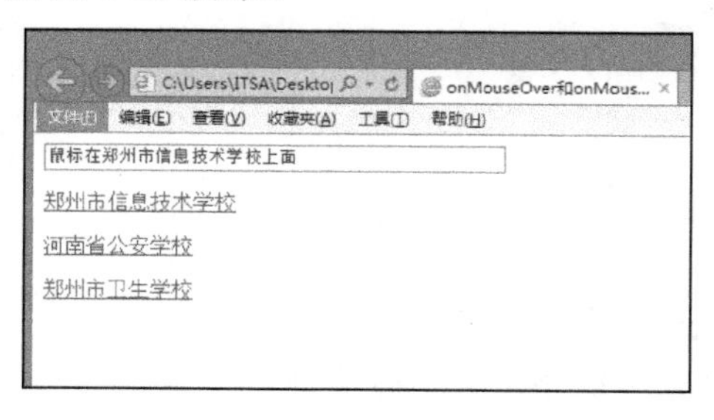

图 6-21

```
<html>
<head>
<title>onMouseOver 和 onMouseOut 事件处理程序</title>
<script language="javascript">
function showlink(m)
{if(m==0)
{document.form1.n.value="鼠标在选择区外面";}
if(m==1)
{document.form1.n.value="鼠标在郑州市信息技术学校上面";}
if(m==2)
{document.form1.n.value="鼠标在河南省公安学校上面";}
if(m==3)
{document.form1.n.value="鼠标在郑州市卫生学校上面";}
}
</script>
<meta http-equiv="Content-Type" content="text/html; charset=gb2312">
</head>
<body>
<form name="form1" method="post" action="">
  <input name="n" type="text" id="n" size="50">
</form>
<p><a href="#" onMouseOver="showlink(1)" onMouseOut="showlink(0)">
郑州市信息技术学校</a></p>
<p><a href="#" onMouseOver="showlink(2)" onMouseOut="showlink(0)">
河南省公安学校</a></p>
<p><a href="#" onMouseOver="showlink(3)" onMouseOut="showlink(0)">
郑州市卫生学校</a></p>
</body>
</html>
```

项目七

表单验证

- 会编写脚本获取表单元素的值。
- 会利用字符串对象对表单元素进行验证。

本项目将通过5个任务来讲解如何获取表单元素的值，如何将字符串转换成数字，如何对表单元素进行非空验证和长度验证，如何验证单选按钮是否被选中，以及如何验证输入是否是数字等。

任务1　制作简单的计算器

【任务目标】

（1）掌握获取表单元素值的方法。

（2）掌握将字符串转换成数字的方法。

【任务描述】

制作一个简单的超市计算器，可以进行简单的加法运算。

【操作步骤】

（1）启动DreamWeaver，在“设计”窗口中创建如下表单，如图7-1所示。

说明：①“百事可乐”文本框的名字是n1。

②“恰恰瓜子”文本框的名字是n2。

③“总金额”文本框的名字是n3。

④“总金额”按钮的动作是“无”。

（2）切换到“代码”窗口，插入脚本代码：

超市计算器	
商品名称	金额（元）
百事可乐	
恰恰瓜子	
总金额	

图 7-1

```
<head>
<meta http-equiv="Content-Type" content="text/html; charset=utf-8" /
<title>简单超市计算器</title>
<script language="javascript">
function js()
{var n1=parseFloat(form1.n1.value);
var n2=parseFloat(form1.n2.value);
var n3=n1+n2;
form1.n3.value=n3;
}
</script>
</head>
<body>
```

（3）给“总金额”按钮添加 onClick 事件代码：

```
<tr>
  <td align="center"><input type="button" name="button" id="button" value="总金额"  onclick="js()"/></td>
  <td align="center"><input type="text" name="n3" id="n3" /></td>
</tr>
```

（4）保存文件 7-1-1.html。浏览该网页，如图 7-2 所示。

超市计算器	
商品名称	金额（元）
百事可乐	3.5
恰恰瓜子	4.8
总金额	8.3

图 7-2

【知识链接】

1. 如何获取表单元素的值

通过使用表单名称引用表单对象来获取表单元素及表单元素的值。

例如，在页面中创建了一个表单，表单名称为 myform。在表单中添加了一个文本框，名称为 txt1，那么要获得这个文本框的值的方法是：

```
varn=document.myform.txt1.value;
```

2. 在 JavaScript 中进行数据类型的转换

（1）parseInt（字符串）：将数字字符串转换成整数。

（2）parseFloat（字符串）：将数字字符串转换成浮点数。

说明：转换的字符串必须是由数字组成的，如果不是由数字组成，则返一个 NaN。

3．如何给表单元素赋值

```
document.表单名称.表单元素名称.value=数值;
```

例如，在页面中创建了一个表单，表单名称为 myform。在表单中添加了一个文本框，名称为 txt1。那么要给这个文本框赋值的方法是：

```
var r=20;
document.myform.txt1.value=r;
```

任务 2　登录非空验证

【任务目标】

掌握获取登录表单非空验证的方法。

【任务描述】

在一个登录表单中输入用户名和密码，要求用户名和密码不能为空，如果为空，则出现错误提示。如果输入了用户名和密码，则转到“欢迎登录成功”页面。

【操作步骤】

（1）启动 DreamWeaver，打开“素材\7-2-1 素材.html”，如图 7-3 所示。

图 7-3

（2）切换到“代码”窗口，添加脚本代码：

```
<script language="javascript">
function checkform()
{var user=document.form1.user.value;
var pwd=document.form1.pwd.value;
if(user=="")
{alert("用户名不能为空");
return false;}
if(pwd=="")
{alert("密码不能为空");
return false;
}
alert("恭喜你，登录成功!");
return true;
}
</script>
```

（3）给表单添加事件代码：

```
<form name="form1"method="post"action="success.html" onSubmit="return
checkform()">
```

（4）保存文件到“结果\7-2-1.html”。浏览文件，如图 7-4 所示。

图 7-4

【知识链接】

1．验证数据为空的方法

（1）使用“==”

例如，varuser=document.form1.user.value;

　　if(user== “ ”)

{alert(“用户名不能为空!”);}

（2）使用字符串对象的 length 属性

例如，var user=document.form1.user.value;

if(user.length==0)

{alert(“用户名不能为空!”);}

2. 如何对表单进行提交

使用提交表单的特有的 onSubmit 事件。onSubmit 事件是指当用户单击了表单中的 submit 按钮时，调用这个事件并得到一个返回确认值，返回值以条件“true”和“false”来表示，即表单返回值为条件“true”时表单提交，为条件“false”时表单不提交。

例如，<form name="form1" method="post" action="" onSubmit="return checkform()">

任务 3 验证密码是否是数字

【任务目标】

掌握验证密码是否是数字的方法。

【任务描述】

在一个登录表单中输入用户名和密码，要求密码必须是数字。如果输入密码不是数字，就弹出一个错误提示框；如果输入密码是数字，则转到“欢迎登录成功”页面。

【操作步骤】

（1）启动 DreamWeaver，打开“素材\7-3-1 素材.html”，如图 7-3 所示。

（2）切换到“代码”窗口，添加脚本代码：

```
<script language="javascript">
function checkform()
{var user=document.form1.user.value;
var pwd=document.form1.pwd.value;
if(user=="")
{alert("用户名不能为空");
return false;}
if(pwd=="")
{alert("密码不能为空");
return false;
}
else
{if(isNaN(pwd))
  {alert("密码输入必须是数字");
  return false;}
  else
  {alert("恭喜你，登录成功!");
return true;}
}

}
</script>
```

（3）给表单添加事件代码：

```
<form name="form1"method="post"action=""onSubmit="return checkform()">
```

（4）保存文件 7-3-1.html，浏览该网页，如图 7-5 所示。

图 7-5

任务 4　验证登录密码输入长度

【任务目标】

掌握验证登录密码输入长度的方法。

【任务描述】

在一个登录表单中输入用户名和密码，用户名和密码不能为空，要求密码必须是数字，且长度在 6 位以上。如果输入密码不是数字，就弹出一个错误提示框；如果输入密码是数字，但长度小于 6 位，也弹出错误提示框；如果输入成功则转到“欢迎登录成功”页面。

【操作步骤】

（1）启动 DreamWeaver，打开“素材\7-4-1 素材.html”，如图 7-3 所示。

（2）切换到“代码”窗口，添加脚本代码：

```
<script language="javascript">
function checkform()
{var user=document.form1.user.value;
var pwd=document.form1.pwd.value;
if(user=="")
{alert("用户名不能为空");
return false;}
if(pwd=="")
{alert("密码不能为空");
return false;
}
else
{if(isNaN(pwd))
  {alert("密码输入必须是数字");
  return false;}
  else
  {if(pwd.length<6)
    {alert("密码长度不能小于6位");
     return false;}
   else
  {alert("恭喜你，登录成功!");
return true;}
}
}|
}
```

（3）给表单添加事件代码：

```
<form name="form1"method="post"action="success.html"onSubmit="return
checkform()">
```

（4）保存文件 7-4-1.html，浏览该网页，如图 7-6 所示。

图 7-6

任务5　非空验证及密码长度验证

【任务目标】

掌握非空验证及密码长度验证的方法。

【任务描述】

在一个登录表单中输入用户名、密码、出生年份和邮箱地址等。要求用户名、密码、出生年份和邮箱地址不能为空，要求密码必须是数字且长度在6位以上。如果输入密码不是数字，就弹出一个错误提示框；如果输入密码是数字但长度小于6位，也弹出错误提示框；如果输入成功则转到“欢迎登录成功”页面。

【操作步骤】

（1）启动DreamWeaver，打开“素材\7-5-1素材.html”，如图7-7所示。

图7-7

（2）切换到“代码”窗口，添加脚本：

```
<script language="javascript">
function checkForm(){
    var user = document.form1.user.value;
    varpwd = document.form1.pwd.value;
    var email = document.form1.email.value;
    var year = document.form1.year.value;
```

```
if(user==""){
    alert("请输入登录名");
    document.form1.user.focus();
    return false;
}
if(pwd==""){
    alert("请输入密码");
    document.form1.pwd.focus();
    return false;
}else{
    if(pwd.length<6){
        alert("密码长度至少 6 位");
        document.form1.pwd.focus();
        return false;
    }
}
        if(year==""){
    alert("请输入出生年");
    document.form1.year.focus();
    return false;
}
    if(email==""){
    alert("请输入电子邮件地址");
    document.form1.email.focus();
    return false;
}
        return true;
}
</script>
```

（3）给表单添加事件代码：

```
<form name="form1"method="post"action="success.html"onSubmit="return checkForm( )">
```

（4）保存文件到“结果\7-5-1.html”。

任务6　验证邮箱地址

【任务目标】

掌握验证邮箱地址的方法。

【任务描述】

在一个登录表单中输入用户名、密码、出生年份和邮箱地址等。要求邮箱地址必须含有“@”符号，否则弹出错误提示框，如果输入成功则转到“欢迎登录成功”页面。

【操作步骤】

（1）启动 DreamWeaver，打开“素材\7-6-1 素材.html”，如任务 5 中的图 7-7 所示。

（2）切换到“代码”窗口，添加脚本：

```
<script language="javascript">
function checkMail(){
    var email = document.form1.email.value;
    if(email.indexOf("@")==-1){
        alert("请输入正确的邮箱地址,必须包含@符号");
        document.form1.email.select();
        return false;
    } if(usermail.indexOf(".")==-1){
        alert("请输入正确的邮箱地址,必须包含.符号");
        document.form1.email.select();
        return false;
    }
        return true;
}
</script>
```

（3）保存文件到“结果\7-6-1.html”，浏览该网页，如图 7-8 所示。

图 7-8

【知识链接】

判断字符串中是否包含指定的字符的方法如下所述。

格式：indexOf（查找的字符或字符串，查找的起始位置）

功能：如果省略起始位置，那么默认从第 1 个字符开始查找，否则将从起始位置开始向后查找。如果查找成功，则返回查找字符或字符串在当前字符串中出现的起始位置；如果查找失败，则返回-1。

任务 7　验证出生日期的输入范围

【任务目标】

掌握验证出生日期的输入范围的方法。

【任务描述】

在一个登录表单中输入用户名、密码、出生年份和邮箱地址等。要求出生年份必须为数字且不能小 1900，否则弹出错误提示框，如果输入成功则转到“欢迎登录成功”页面。

【操作步骤】

（1）启动 DreamWeaver，打开“素材\7-7-1 素材.html”，如图 7-7 所示。

（2）切换到“代码”窗口，添加脚本：

```
<script language="javascript">
function checkBir(){
    var year = document.form1.year.value;
    if(year==""){
        alert("请输入出生年份");
        document.form1.year.focus();
        return false;
    }
    if(isNaN(year)){
        alert("出生日期请输入数字");
        document.form1.year.focus();
        return false;
    }else if(parseInt(year)<1900){
        alert("出生年份输入不能小于 1900 年");
        document.form1.year.select();
        return false;
    }else{
        return true;
    }
}
</script>
```

（3）给表单添加事件代码：

```
<form name="form1"method="post"action="success.html" onSubmit="return
checkBir( )">
```

（4）保存文件到“结果\7-7-1.html”，浏览该网页，如图 7-9 所示。

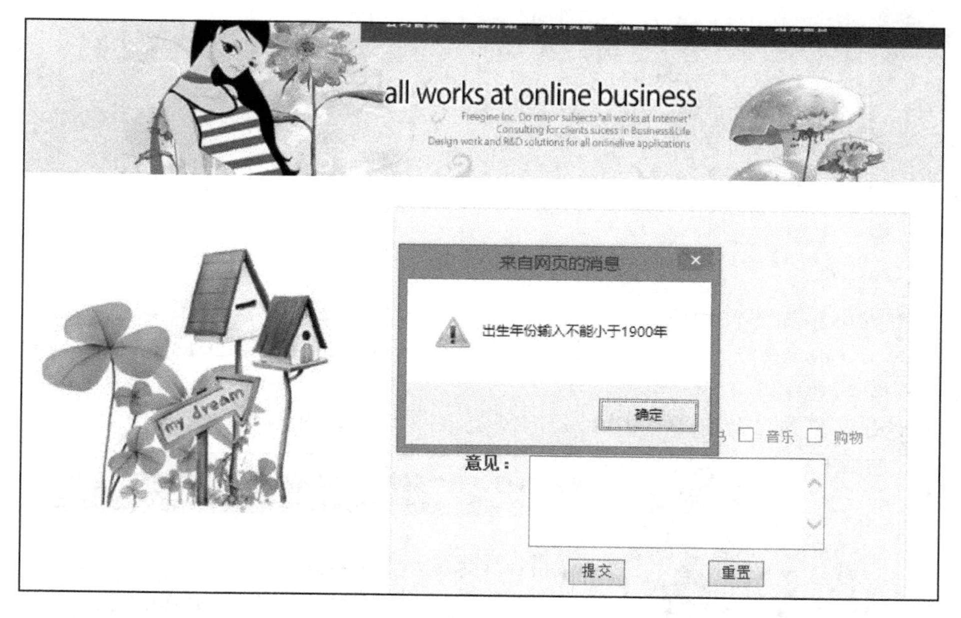

图 7-9

任务 8　验证一组单选按钮是否被选中

【任务目标】

掌握验证一组单选按钮是否被选中的方法。

【任务描述】

在一个登录表单中输入用户名、密码、出生年份和邮箱地址等。要求性别必须选择，否则弹出错误提示框，如果输入成功则转到"欢迎登录成功"页面。

【操作步骤】

（1）启动 DreamWeaver，打开"素材\7-8-1 素材.html"，如图 7-7 所示。

（2）切换到"代码"窗口，添加脚本：

```
<script language="javascript">
function checkRadio(){
    var count=0;
    var sex=document.form1.sex;
    for(var i=0;i<sex.length;i++){
        if(sex[i].checked){
            count++;
        }
    }
    if(count==0){
```

```
            alert("请选择性别");
            sex[0].focus();
            return false;
        }else{
            return true;
        }
    }
    </script>
```

（3）给表单添加事件代码：

```
<form name="form1"method="post"action="success.html" onSubmit="return
checkRadio( )">
```

（4）保存文件到“结果\7-8-1.html”，浏览该网页，如图 7-10 所示。

图 7-10

【知识链接】

判断单选按钮是否被选中

（1）获得单选按钮对象：

document.表单名称.单选按钮名称

例如，var sex=document.form1.sex;

注意：此时取得的单选按钮对象实际上是一个包含了这一组单选按钮的集合，即一个单选按钮组。

（2）根据单选按钮数组的长度，使用 for 循环语句判断数组中第几个元素的 checked 属性为“true”，一旦数组中某一元素的 checked 属性为“true”，则说明这个元素所对应的单选按钮被选中了。

例如，for(i=0;i<sex.length;i++)

```
{if(sex[i].checked)
{alert(“第”+i+“个单选按钮被选中”);
alert(“对应的单选按钮值为”+sex[i].value);
}
}
```

上 机 实 习

（1）制作一个简易计算器，如图 7-11 所示。

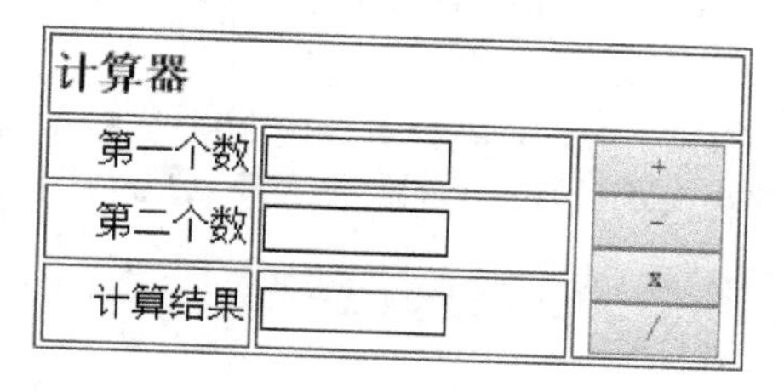

图 7-11

① 添加脚本代码：

```
function addition( )
{
var num1=document.myform.txtNum1.value;
    var num2=document.myform.txtNum2.value;
    document.myform.txtResult.value=parseFloat(num1)+parseFloat(num2);
}
function subtration( )
{
var num1=document.myform.txtNum1.value;
    var num2=document.myform.txtNum2.value;
    document.myform.txtResult.value=parseFloat(num1)-parseFloat(num2);
}
function multiplication( )
{
var num1=document.myform.txtNum1.value;
    var num2=document.myform.txtNum2.value;
    document.myform.txtResult.value=parseFloat(num1)*parseFloat(num2);
}
function division( )
{
var num1=document.myform.txtNum1.value;
    var num2=document.myform.txtNum2.value;
    if(parseFloat(num2)!=0)
```

```
        {
            document.myform.txtResult.value=parseFloat(num1)/parseFloat
            (num2);
        }
    }
```

② 给4个按钮添加事件代码：

```
<INPUT name="addButton" type="button" value=" + " onClick="addition()">
<BR>
<INPUT name="subButton" type="button" value=" - " onClick="subtraction
()"> <BR>
<INPUT name="mulButton" type="button" value=" x " onClick="multiplica-
tion()"><BR>
<INPUT name="divButton" type="button" value=" / " onClick="division()">
<BR>
```

（2）登录表单进行非空验证，输入QQ号码和QQ密码，要求不能为空。如果输入为空，则显示错误提示框；若输入不为空，则显示“登录成功”，如图7-12所示。

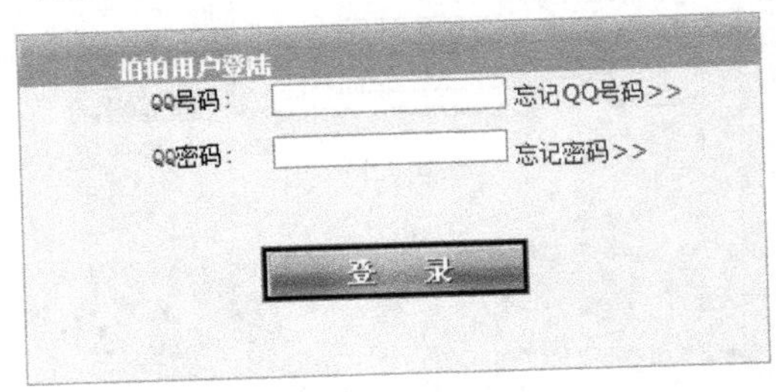

图7-12

① 添加脚本代码：

```
<SCRIPT type="text/javascript">
function checkLogin(){

    varqqNum = document.myform.txtQQ.value;
    varqqPass=document.myform.txtPass.value;
    //判断非空输入
    if(qqNum=="")
    {
        alert("请输入QQ号码");
        return false;
    }
    if(qqPass=="")
    {
        alert("请输入QQ密码");
        return false;
    }
    alert("登录成功");
    return true;
```

```
    }
</SCRIPT>
```

② 给表单添加事件代码：

```
<FORM action=""method="post"name="myform"onSubmit="return checkLogin()">
```

（3）对登录表单进行非空和密码长度验证，要求输入QQ号码和QQ密码，并且QQ密码必须为数字，长度为6～12位。如果输入不对，则显示错误提示框；如果输入正确，则显示“验证成功”。如图7-12所示。

① 添加脚本代码。

```
<SCRIPT type="text/javascript">
function checkLogin(){

    varqqNum = document.myform.txtQQ.value;
    varqqPass=document.myform.txtPass.value;
    //判断非空输入
    if(qqNum=="")
    {
        alert("请输入QQ号码");
        return false;
    }
    if(qqPass=="")
    {
        alert("请输入QQ密码");
        return false;
    }
    else{
        if(isNaN(qqPass))
        {
            alert("密码输入必须是数字");
            return false;
        }else if(qqPass.length<6||qqPass.length>12)
        {
            alert("密码输入长度为6-12位的数字");
            return false;
        }
    }
    alert("验证成功");
    return true;

}
</SCRIPT>
```

② 给表单添加事件代码。

```
<FORM action=""method="post"name="myform"onSubmit="return checkLogin()">
```

（4）对用户名进行验证，要求必须输入用户名，且长度必须为4～16个字符，如图7-13

所示。

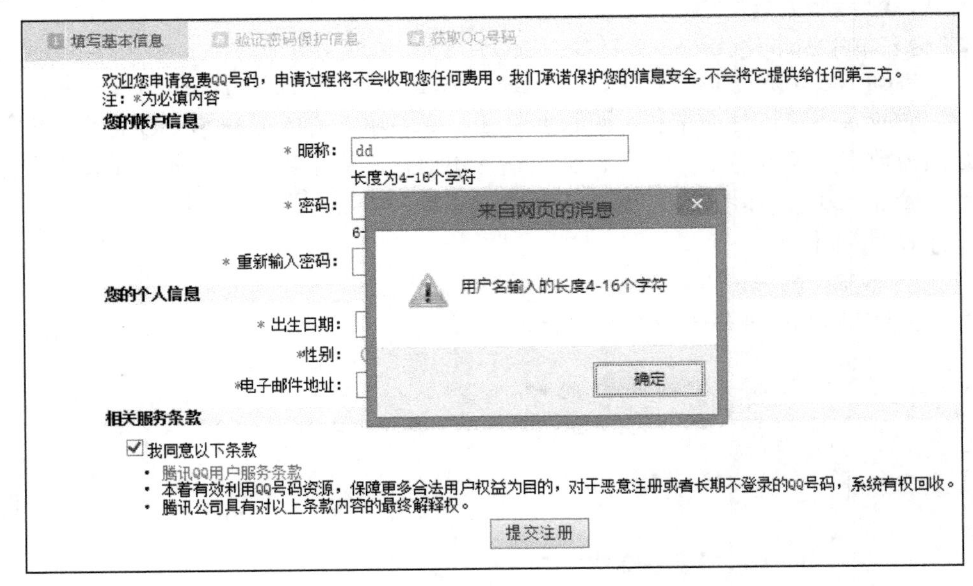

图 7-13

① 添加脚本代码。

```
<SCRIPT>
function checkUserName(){
    var name = document.myform.txtUser.value;
    if(name==""){
        alert("请输入用户名");
        document.myform.txtUser.focus();
        return false;
    }
    if(name.length<4||name.length>16){
        alert("用户名输入的长度 4-16 个字符");
        document.myform.txtUser.select();
        return false;
    }
      return true;
}
</SCRIPT>
```

② 给表单添加事件代码。

```
<FORM action="" method="post" name="myform" onSubmit="return checkUser-
Name()">
```

（5）给表单输入密码和确认密码，要求密码和确认密码不能为空，且必须为数字，长度为 4～16 个字符，密码和确认密码必须一致。如果输入不正确，则给出错误提示框，如图 7-14 所示。

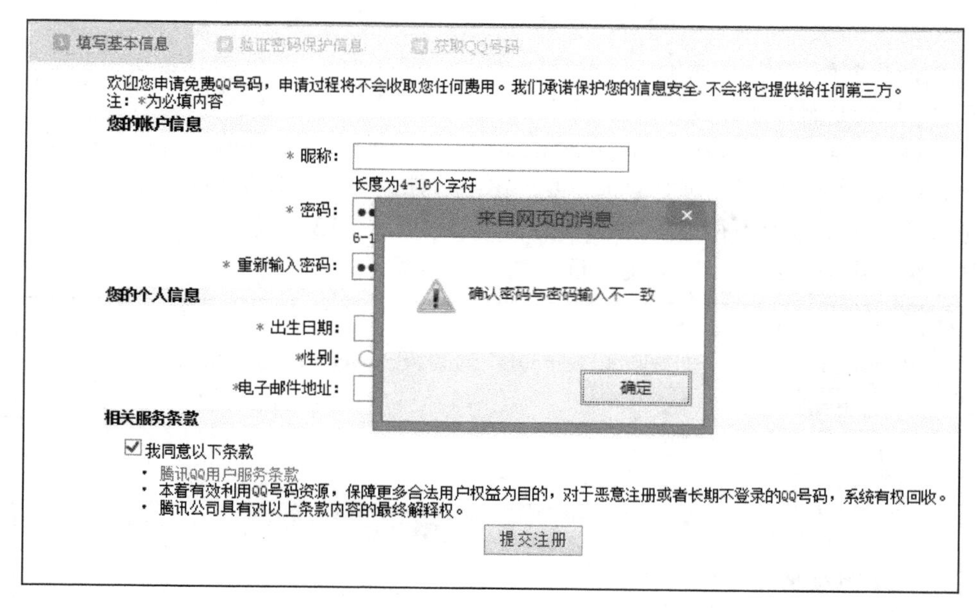

图 7-14

① 添加事件代码。

```
function checkPass(){
    var pass=document.myform.txtPass.value;
    varrpass=document.myform.txtRPass.value;
    if(pass==""){
        alert("密码不能为空");
        document.myform.txtPass.focus();
        return false;
    }else if(isNaN(pass)){
        alert("密码输入必须是数字");
        document.myform.txtPass.select();
        return false;
    }else if(pass.length<4||pass.length>16){
        alert("密码长度为 4-16 个字符");
        document.myform.txtPass.select();
        return false;
    }else if(rpass==""){
        alert("确认密码不能为空");
        document.myform.txtRPass.focus();
        return false;
    }else if(rpass!=pass){
        alert("确认密码与密码输入不一致");
        document.myform.txtRPass.select();
        return false;
    }else{
        return true;
```

```
        }
    }
```

② 给表单添加事件代码。

```
<FORM action=""method="get"name="myform"onSubmit="return checkPass()">
```

（6）对表单的出生日期进行验证，要求出生日期的格式必须是 yyyy-mm-dd，出生日期必须是数字，其中年份不得小于 1900，月份值必须在 1～12 之间，日期值必须在 1～31 之间。如果输入不对，则给出错误提示框，如图 7-15 所示。

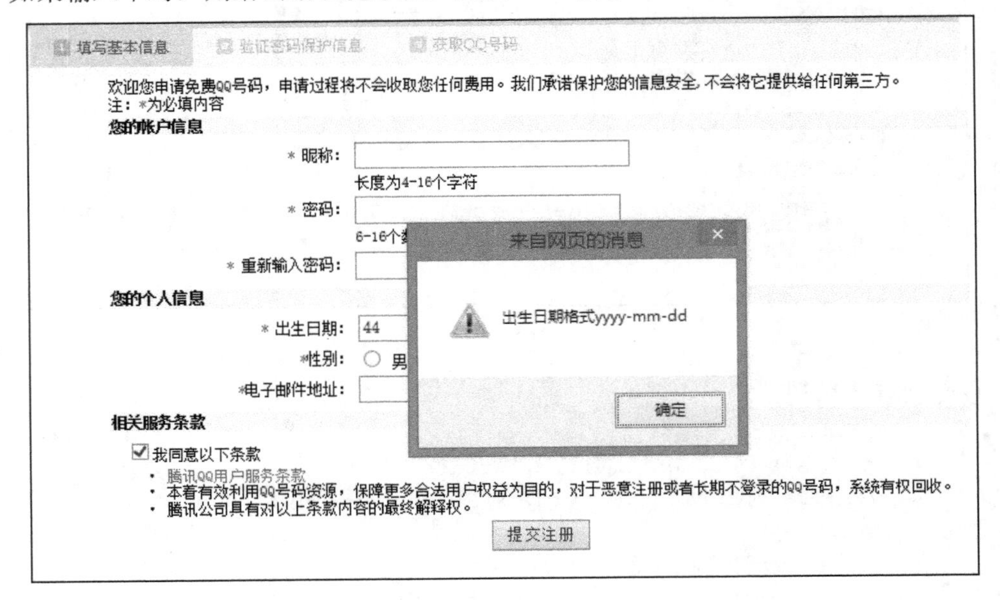

图 7-15

① 添加事件代码。

```
function checkBirthday(){
var birth=document.myform.txtBirth.value;
    if(birth==""){
        alert("请填写出生日期");
        document.myform.txtBirth.focus();
        return false;
    }else{
    //判断日期是否符合格式要求
        if(birth.charAt(4)!="-"||birth.charAt(7)!="-"){
            alert("出生日期格式 yyyy-mm-dd");
            document.myform.txtBirth.select();
            return false;
        }
        //截取字符串分别获得年月日
        var year=birth.substring(0,4);
        var month=birth.substring(5,7);
        var day=birth.substring(8,birth.length);
```

```
        if(isNaN(year)||isNaN(month)||isNaN(day)){
            alert("年月日必须是数字");
            document.myform.txtBirth.select();
            return false;
        }
        if(parseInt(year,10)<1900){
            alert("出生日期年份输入不能小于 1900 年");
            document.myform.txtBirth.select();
            return false;
        }else if(parseInt(month,10)<1||parseInt(month,10)>12){
            alert("您输入的月份不在 1-12 月之间");
            document.myform.txtBirth.select();
            return false;
        }else if(parseInt(day,10)<1||parseInt(day,10)>31){
            alert("您输入的天数不在 1-31 之间");
            document.myform.txtBirth.select();
            return false;
        }
    }
    return true;
}
```

② 给表单添加事件代码。

```
<FORM action="" method="get" name="myform" onSubmit="return checkBir-
thday()">
```

（7）给注册表单输入性别，要求必须进行选择，如图 7-16 所示。

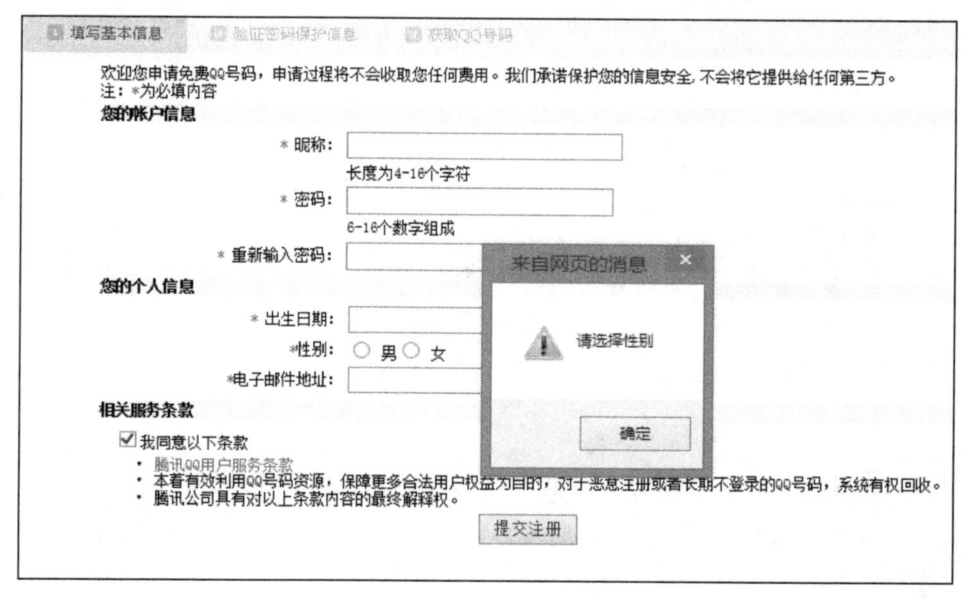

图 7-16

① 添加脚本代码。

```
function checkRadio(){
    varselectSex=document.myform.sex;
    varisSelect=false;
    for(var i=0;i<selectSex.length;i++){
        if(selectSex[i].checked){
            isSelect=true;
        }
    }
    if(isSelect){
        return true;
    }else{
        alert("请选择性别");
        selectSex[0].focus();
        return false;
    }
}
```

② 给表单添加事件代码。

```
<FORM action=""method="get"name="myform"onSubmit="return checkRadio()">
```

（8）对注册表单进行综合验证，如图 7-17 所示。

填写基本信息　验证密码保护信息　获取QQ号码

欢迎您申请免费QQ号码，申请过程将不会收取您任何费用。我们承诺保护您的信息安全，不会将它提供给任何第三方。
注：*为必填内容

您的帐户信息

* 昵称：
长度为4-16个字符
* 密码：
6-16个数字组成
* 重新输入密码：

您的个人信息

* 出生日期：　日期格式yyyy-mm-dd
*性别：○ 男 ○ 女
*电子邮件地址：

相关服务条款

☑我同意以下条款
- 腾讯QQ用户服务条款
- 本着有效利用QQ号码资源，保障更多合法用户权益为目的，对于恶意注册或者长期不登录的QQ号码，系统有权回收。
- 腾讯公司具有对以上条款内容的最终解释权。

提交注册

图 7-17

要求：

- 必须输入用户名，且长度必须为 4～16 个字符。
- 密码和确认密码不能为空，且必须为数字，长度为 4～16 个字符，密码和确认密码必须一致。
- 出生日期的格式必须是 yyyy-mm-dd，出生日期必须是数字，其中年份不得小于

1900，月份值必须在 1～12 之间，日期值必须在 1～31 之间。

- 必须对性别进行选择。
- 邮箱地址必须含有“@”和“.”两个符号。

① 添加脚本代码。

```
<SCRIPT>
//用户名非空+长度
function checkUserName(){
    var name = document.myform.txtUser.value;
    if(name==""){
        alert("请输入用户名");
        document.myform.txtUser.focus();
        return false;
    }
    if(name.length<4||name.length>16){
        alert("用户名输入的长度 4-16 个字符");
        document.myform.txtUser.select();
        return false;
    }
      return true;
}
//密码非空+长度+密码确认验证
function checkPass(){
    var pass=document.myform.txtPass.value;
    varrpass=document.myform.txtRPass.value;
    if(pass==""){
        alert("密码不能为空");
        document.myform.txtPass.focus();
        return false;
    }else if(isNaN(pass)){
        alert("密码输入必须是数字");
        document.myform.txtPass.select();
        return false;
    }else if(pass.length<4||pass.length>16){
        alert("密码长度为 4-16 个字符");
        document.myform.txtPass.select();
        return false;
    }else if(rpass==""){
        alert("确认密码不能为空");
        document.myform.txtRPass.focus();
        return false;
    }else if(rpass!=pass){
        alert("确认密码与密码输入不一致");
        document.myform.txtRPass.select();
        return false;
```

```
        }else{
            return true;
        }
    }
    //出生日期验证
    function checkBirthday(){
    var birth=document.myform.txtBirth.value;
        if(birth==""){
            alert("请填写出生日期");
            document.myform.txtBirth.focus();
            return false;
        }else{
        //判断日期是否符合格式要求
            if(birth.charAt(4)!="-"||birth.charAt(7)!="-"){
                alert("出生日期格式 yyyy-mm-dd");
                document.myform.txtBirth.select();
                return false;
            }
            //截取字符串分别获得年月日
            var year=birth.substring(0,4);
            var month=birth.substring(5,7);
            var day=birth.substring(8,birth.length);
            if(isNaN(year)||isNaN(month)||isNaN(day)){
                alert("年月日必须是数字");
                document.myform.txtBirth.select();
                return false;
            }
            if(parseInt(year,10)<1900){
                alert("出生日期年份输入不能小于 1900 年");
                document.myform.txtBirth.select();
                return false;
            }else if(parseInt(month,10)<1||parseInt(month,10)>12){
                alert("您输入的月份不在 1-12 月之间");
                document.myform.txtBirth.select();
                return false;
            }else if(parseInt(day,10)<1||parseInt(day,10)>31){
                alert("您输入的天数不在 1-31 之间");
                document.myform.txtBirth.select();
                return false;
            }
        }
        return true;
```

```
}

//验证性别单选框是否选中
function checkRadio(){
    varselectSex=document.myform.sex;
    varisSelect=false;
    for(var i=0;i<selectSex.length;i++){
        if(selectSex[i].checked){
            isSelect=true;
        }
    }
    if(isSelect){
        return true;
    }else{
        alert("请选择性别");
        selectSex[0].focus();
        return false;
    }
}
//电子邮件验证
function checkEmail(){
    varstrEmail=document.myform.txtEmail.value;
    if (strEmail.length==0)
    {
        alert("电子邮件不能为空!");
        document.myform.txtEmail.focus();
        return false;
    }
    if (strEmail.indexOf("@",0)==-1)
    {
        alert("电子邮件格式不正确,\n 必须包含@符号! ");
        document.myform.txtEmail.select();
        return false;
    }
    if (strEmail.indexOf(".",0)==-1)
    {
        alert("电子邮件格式不正确,\n 必须包含.符号! ");
        document.myform.txtEmail.select();
        return false;
    }
    return true;
}
```

```
function checkForm(){
    if(checkUserName()&&checkPass()&&checkBirthday()&&checkRadio()&&
    checkEmail()){
        return true;
    }else{
        return false;
    }
}
</SCRIPT>
```

② 给表单添加事件代码。

```
<FORM action="success.html"method="get"name="myform"onSubmit="return
checkForm()">
```